KB095960

역행 육아

어느 강남 엄마의 사교육과 헤어질 결심

역행 육아

김민정 지음

"돌아보니, 강남의 학원가 한복판에서
나의 욕망을 내려놓았던 그 순간이
아이들과 나의 행복한 미래의 시작이었다!"

월요일의꿈

"그대의 아이는 그대의 아이가 아니다"

저는 교육자도, 육아 전문가도 아닙니다. 아이들이 영재 프로그램에 소개되거나 명문대에 입학한 것도 아닙니다. 그렇기에 '내가 육아서를 쓰는 것이 과연 바람직한 것일까?' 고민에 고민을 거듭하였습니다. 가시적으로 보이는 어떤 성과나 결과가 있어야 독자들에게 도움이 되겠다고 생각했기 때문입니다. 그렇지만 저는 용기를 내어 저와 제 아이들의 이야기를 세상에 내놓게 되었습니다. 제가 육아를 하며 가장 힘들었을 때, 수많은 책을 읽고 몸과 마음이 회복되었던 것처럼, 저의 이야기가 단 한 명의 독자에게라도 도움이 된다면 더 바랄 게 없겠다는 간절한 마음으로요.

저의 육아는 세상이 말하는 방식이 아니었습니다. 오히려 세상의 흐름에 반(反)하는, 시대에 '역행'하는 육아였습니다. 세계적인 디지털 강국인 우리나라에서 저와 아이들은 디지털이 아닌 아날

로그 방식을 선택했고, 물질적 풍요 대신 자발적 결핍을, 효율보다
는 비효율을 선택했습니다. 주변에서는 모두가 남보다 앞서가야
한다고, 속력을 내야 한다고 말했지만, 저는 속도보다 방향을 중요
하게 생각했습니다. 세상의 속도가 아니라 아이들의 속도를 존중
했고, 느리더라도 아이들의 속도에 저를 맞추었습니다.

세상은 말합니다. 경쟁 사회에서 뒤처지지 않기 위해 남들보다
더 일찍, 더 빨리 달려야 한다고요. 그러다 보니 우리는 세상이 말
하는 속도와 방식에 맞추어 살아갑니다. 내가 누구인지, 무엇을
좋아하는지, 어떤 일을 할 때 행복한지 등을 채 알아 가기도 전에
말이죠. 그리고 사회가 원하는 기준에 나를 끼워 맞추기 시작합니
다. 그 결과 세모, 네모, 동그라미, 별, 달 등 각기 다 다르게 태어
난 우리는 정규 교육을 받고 사회에 나오면서 자신만의 특색은 온
데간데없는, 모두 비슷한 모습이 되어 있습니다.

그런데 아이를 낳고 보니 아니었습니다. 우리는 모두 다 다른
존재였습니다. 우리의 생김새가 다르듯 우리는 각자 기질도 성격
도 취향도 모두 다 다른 인격체입니다. 그러나 우리는 종종 그것
을 망각하고 살아갑니다. 내 배 아파 낳은 아이이기에 나의 자녀
들은 나와 비슷할 것이라고, 우리는 무의식적으로 생각합니다. 그
러니 내가 경험해 보았던 좋은 것은 내 자녀들에게 물려주고 싶
고 힘든 일은 겪지 않길 바랍니다. 나는 못 먹고 못 해 봤을지언정
내 자녀들만큼은 많이 누리며 살게 하고 싶습니다. 그 누구보다

사랑하는 나의 자녀이니까요.

그런데 아이들이 커 가면서 내 자녀가 많이 누리고 행복하게 살기를 바랐던 순수한 마음은 어느새 변질됩니다. 초등학교에 입학하기도 전부터 영어, 수학 학원에 다니며 레벨 테스트로 아이들의 우열을 나누는 사회 분위기 속에서 부모들은 점점 불안해집니다. 옆집 아이는 어릴 때부터 이것저것 배운다는데 나 혼자 가만히 있다 내 아이만 낙오자가 될 것 같습니다. 자녀 교육에 있어 가장 중요한 것이 '엄마의 정보력'이라고 하니 엄마들은 하나라도 놓칠세라 눈에 불을 켜고 검색을 합니다. 그 결과 많은 아이가 아주 어릴 때부터 사교육을 받게 됩니다. 앞서지는 않더라도 적어도 뒤처지지는 않아야 할 것 아니냐는 부모들의 생각으로요.

저 역시 그랬습니다. 사교육 천국, 강남에 살면서 유혹을 이겨 내기 어려웠습니다. 어릴 때부터 내 아이들을 좋은 기관에 보내 교육받게 하고 싶었습니다. 그러나 그건 엄마인 저 혼자만의 생각이었습니다. 좋은 교육 기관은 고사하고 어린이집, 유치원조차 가기 싫어하는 아이들을 보며 '내가 아이를 잘못 키운 건가' 죄책감을 느끼기도 했고, '왜 내 아이만 유별난 걸까' 짜증이 나기도 했습니다. 그러나 이러한 저의 마음은 아이를 있는 그대로 바라보지 못하고 엄마인 내 바람대로 아이가 커 주길 바라는 욕심 때문이었다는 것을 알게 되었습니다. 그리고 그것은 '내 자녀니까 가장 좋은 것을 주고 싶어서'라는 그럴싸한 말로 포장된 저의 욕망이었다는 것도 자각하게 되었습니다.

그러한 내면의 자각이 있고 난 뒤, 저는 제가 계획한 시간표를 아이에게 요구하지 않았습니다. 저의 시간표를 아이에게 맞추며, 유년기의 아이가 누려야 할 마땅한 권리를 교육이라는 이름으로 빼앗고 있는 건 아닌지 늘 고민했습니다. 어린아이들이 보일 수 있는 천진한 모습을 어른의 시선으로 판단하고 평가하고 있는 건 아닌지 늘 살폈습니다. 그리고 아이 고유의 결을 있는 그대로 인정해 주기 위해 노력했습니다. 저의 육아(育兒)는 엄마인 제 마음에 드는 아이를 만들기 위한 것이 아닌, 아이의 타고난 결을 지켜 주기 위해 엄마인 나의 관점을 바꾸는, 저 자신을 키우는 육아(育我)였습니다.

그때부터 저는 아이를 위해 용기를 냈습니다. "이때 시작하지 않으면 안 된다"라고 말하는 주변의 말이 아니라 내 아이가 무엇을 원하는지에 귀를 기울였습니다. 최고급 정보를 얻기 위해 스마트폰을 뒤지는 대신 내 아이의 눈동자를 바라보았습니다. 세상의 소리가 아니라 아이들의 마음의 소리를 따라갔습니다. 그러다 보니 저희는 세상의 속도가 아니라 우리들의 속도를 만들어 나갈 수 있었습니다.

그 결과, 초등학생인 저희 집 두 아이는 세상을 호기심으로 바라보며 몸과 마음이 건강한 아이들로 자라나게 되었습니다. 독서를 통해 다방면의 지식을 쌓고 궁금한 것은 스스로 책을 찾아 읽고 공부하는 어린이로, 영어학원 근처에도 가 보지 않았지만 집에서 영어를 습득하며 영어를 즐기는 어린이로, 하루 종일 놀이터에서 놀고 장난감은 스스로 만들며 창의적인 사고를 하는 어린이로 자라나게 되었습니다.

이 책에 이러한 모든 것을 담았습니다. 1장에서는 엄마가 되었지만 엄마 노릇이 뭔지 몰랐던 초보 엄마가 육아 공부를 시작하게 된 이야기를, 2장에서는 교육 사상가들의 가르침에 비추어 초보 엄마인 제가 얼마나 무지한 상태에서 아이를 키웠는지를 담았습니다. 시류에 휩쓸리지 않고 사교육 천국 강남에서 어떻게 제 소신을 지킬 수 있었는지, 교육 사상가들이 쓴 고전을 바탕으로 저의 시행착오 과정을 담았습니다.

3장부터 5장까지는 교육 사상가들의 가르침을 바탕으로 세운 저만의 철학 아래 어떻게 저희 아이들이 사교육 없이 영유아 시절을 보냈는지에 대한 기록입니다. 3장에서는 책을 좋아하는 아이로 키우기 위해 제가 어떻게 노력했는지, 그리고 아이들이 책을 통해 어떻게 자기주도학습의 토대를 만들 수 있었는지를 썼습니다. 4장에서는 학원에서 영어를 '학습'하지 않아도 자연스럽게 영어를 '습득'할 수 있는 방법을 세계적인 언어학자의 이론과 뇌과학을 근거로 소개하며 강남에서 영어학원 없이 어떻게 영어를 좋아하고 잘하는 아이들로 자라게 했는지 그 방법을 소개했습니다. 5장에서는 인공지능(AI) 시대에 어떻게 하면 AI에 대체되지 않는 창의적인 미래 인재로 자라나게 할 수 있는지, 과학적·교육학적 근거를 중심으로 소개했습니다.

6장은 어쩌면 모두가 외면하고 싶어 할지 모를, 불편한 이야기를 담았습니다. 우리나라의 교육 현실이 과연 올바른 방향으로 가고 있는지, 그 교육 시스템 안에서 우리 아이들이 어떻게 서서히 시들어 가고 있는지, 이러한 교육 시스템이 과연 미래 인재를 키우는 방향으로 가고 있는지 여러 근거 자료를 바탕으로 분석한 내용을 담았습니다.

7장은 부모의 내면을 바라보는 장입니다. 육아하면서 힘든 이유 중 하나는 아이들이 거울처럼 부모의 내면을 비춰 주기 때문입니다. 그러나 대부분은 아이의 행동으로 인해 자기 내면이 건드려져서 힘들다는 것을 자각하지 못하고 아이에게 자기 내면의 부정적인 감정을 투사합니다. 그 결과 부모 내면의 두려움, 불안, 분노 등은 자녀에게 대물림됩니다. 마지막 장에서는 부모가 자기 내면의 그림자를 자각하고 이를 자녀에게 대물림하지 않으려면 어떤 노력이 필요한지에 대해 다루었습니다. 어쩌면 이것이 육아에 있어 가장 중요한 부분이 아닐까 하고 생각했기 때문입니다.

독실한 천주교 신자이신 친정아버지는 저희 자녀들에게 가끔 이런 말씀을 하십니다.

"너희들은 하느님이 잠시 내게 맡겨 주신 자녀들이야."

저는 아버지의 이 말씀을 아이들이 자라면서 더욱 가슴에 새기고 있습니다. 부모로서 아이에게 줄 수 있는 가장 큰 사랑은 내 아이가 이 세상에 태어난 이유를 스스로 찾아갈 수 있도록 아이의 우주를 있는 그대로 인정해 주는 것이 아닐까 싶습니다. 자녀에게 사랑이라는 이름으로 무언가를 지시하고 강요하는 것이 아니라 내 아이가 나와는 엄연히 다른 독립적인 존재라는 것을 인정하고 부모의 큰 사랑이라는 울타리 안에서 자기의 삶을 오롯이 살아 낼 수 있도록 지지하고 응원해 주는 것. 그것이 우리 아이들에게 줄 수 있는 가장 큰 선물이 아닐까 생각합니다. 이 땅의 모든 자녀가 부모가 주는 조건 없는 사랑을 통해 행복해지고, 나에게 선물같이 찾아온 귀한 아이들로 인해 부모 역시 함께 성장하길 간절히 바라봅니다.

아이들에 대하여

그대의 아이들은 그대의 아이들이 아니다.

아이들이란 스스로를 그리워하는
큰 생명의 아들딸들이니
그들은 그대를 거쳐서 왔을지라도
그대로부터 온 것은 아니다.
그들이 늘 그대와 함께 있다 하더라도

그들은 그대의 소유물이 아니다.

그대는 아이들에게 사랑을 줄 수는 있으나
생각까지 주려고 하지는 말라.
아이들에게는
아이들의 생각이 있기 때문이다.

그대가 활이라면 아이들은 살아서
날아가는 화살이다.

신이 그대를 힘껏 구부려서
영원의 길에 놓인 과녁에
아이들이란 화살을 쏠 때
기꺼이 그대의 구부러짐을 기뻐하라.

신은 날아가는 화살도
구부러진 활도 똑같이 사랑하신다.

– 칼릴 지브란

---

* 이후 이어질 본문에서는 가독성을 위해 평어체를 사용하였음을 알려 드립니다.

Contents

낳기만 했다고 엄마가 되는 건 아니었다

교육 사상가들의 가르침을 따르다

3장

자기주도학습, 책 육아에서 시작된다

4장

영어 만화 보며 깔깔대는 그 집 남매의 비밀

5장

AI를 이기는 힘, 자연과 놀이면 충분하다

6장

우리나라 교육에 할 말 있습니다만

7장

자녀는 부모의 스승으로 온다

1장

낳기만 했다고
엄마가 되는 건 아니었다

엄마, 어린이집 가기 싫어요

"엄마, 나 어린이집 안 갈래. 집에 있고 싶어요."

올 게 왔구나 싶었다. 네 살 아들(축복)은 바닥에 누워 일어날 생각을 하지 않고 있었다. 어서 옷을 입고 양말을 신고 서둘러 나가야 등원 시간에 맞출 수 있는데, 등에서 진땀이 흘렀다. 옆에는 걸음마를 시작한 둘째(사랑)가 옷을 잡아당기며 빨리 나가자고 울고 있었다. 설상가상이다. 어린이집에 가기 싫다는 아이의 마음을 모르는 건 아니었기에 차분하게 달래 보았다.

"축복이가 안 가면 친구들이 왜 안 오나 궁금할 거 같은데?"

아이는 여전히 돌아누워 대답이 없다.

"오늘 바깥 놀이 재밌는 거 한다고 했잖아. 정말 그럴 거 같은

데? 어서 가자."

"싫어! 난 엄마랑 같이 있는 게 더 좋아. 그리고 난 집에서 노는 게 더 재미있어!"

아이의 목소리는 단호했다. 그러나 아이가 가기 싫다고 무조건 다 받아 주는 것도 좋은 방법은 아닌 것 같았다. 나 역시 목소리 톤이 점점 높아졌다.

"엄마랑은 다녀와서 놀면 돼! 어서 일어나, 나갈 시간이야!"

엄마의 목소리 톤이 달라지니 아이는 점점 울먹였다.

"가기 싫어, 가기 싫단 말이야. 가기 싫은데 왜 가야 해?!"

울부짖는 아이 앞에서 나 역시 마음이 약해졌다. 그리고 가기 싫은데 왜 가야 하냐는 아이의 한마디가 가슴에 박혀 아프게 다가왔다.

● 아이가 어린이집을 가기 싫어했던 이유

아이가 처음부터 어린이집에 가기 싫어한 건 아니었다. 사건의 발단은 어린이집 적응 기간에 벌어진 '교사의 부재'였다. 4세, 즉 만 2세 반은 정부 지침에 따라 교사 한 명이 아이 일곱 명을 돌본다. 축복이 반 역시 교사 두 명에 어린이 열네 명이 함께 생활하고 있었다. 어린이집은 원마다 적응 방침이 다르다. 축복이가 다니는 어린이집은 총 4주의 적응 기간을 두었다. 그리고 엄마와 함께 있는 시간을 서서히 줄이는 방식이었다. 첫 주에는 30분을 보호자와 있다가 보호자가 아이 곁을 떠나고, 둘째 주에는 15분, 셋째 주에는 10분, 이렇게 점차 아이와 함께 있는 시간을 줄여 갔다. 아이가 심리적 안정을 느낄 수 있게 한 방식이었다.

축복이는 그동안 엄마와 줄곧 생활해 와서 새로운 공간에서의 생활을 즐거워했다. 3주까지는 적응을 잘하는 모습이었다. 문제는 4주째 되는 날 생겼다. 축복이가 애착을 형성했던 교사가 개인적인 이유로 결근한 것이다. 문 앞에서 두리번거리며 그 교사를 찾던 축복이는 주저하며 들어가기 싫어했다. 온갖 감언이설로 아이를 설득했지만 역부족이었다.

문 앞에서의 시간이 길어지니 원장 선생님이 나오셨다. 자초지종을 듣더니 아이에게 상황을 설명하고는 아이를 번쩍 안으셨다. 그리고 나에게 엄마가 우유부단한 모습을 보이면 아이 역시 더 들어가기 싫어하니 어서 가라고 했다. 아이는 원장 선생님 품에서 발버둥 치며 목이 터질 듯 엄마를 외쳤다. 그 모습을 보는 내 마음은 무너져 내렸고 차마 발길이 떨어지지 않았다. 어린이집 담벼락에 숨어 몰래 교실을 보려 했지만 여의치 않았다. 무거운 마음을 이끌고 터덜터덜 집으로 돌아왔다.

잠이 많이 없던 축복이는 낮잠을 싫어했다. 그래서 점심 전에 아이를 데리러 갔다. 불과 몇 시간 전에 대성통곡하던 아이가 맞나 싶을 정도로 축복이는 방긋방긋 웃는 얼굴이었다. 어떤 놀이를 했는지, 반찬은 뭐가 나왔는지 평소와 같이 조잘거렸다. 원장 선생님은 담당 교사가 상을 당해 부득이하게 결근하게 되었고, 그로 인해 아이 적응 기간에 자리를 비우게 되어 죄송하다고 했다. 아이의 얼굴이 밝아서 다행이었다.

그러나 그날 이후 축복이는 어린이집 등원을 예전만큼 즐거워하지 않았다. 등원 후에는 즐겁게 원 생활을 했다는 담당 교사의 피드백을 받았지만, 아침마다 "왜 매일 어린이집을 가야 하지?", "어린이집은 꼭 가야 해?", "난 집에 있고 싶은데 왜 안 돼?" 등의 질문을 했다. 덤으로 옆에서 엄마를 찾으며 젖 달라고 칭얼대는 두 살짜리 동생의 요구도 들어줘야 했다.

산 넘어 산이었다. 그동안 18개월 터울의 두 아이를 가정 보육하며 정신적으로 육체적으로 참 힘든 시간을 보냈다. 이제 큰아이가 어린이집에 가니 좀 살겠구나 싶었는데, 생각지도 못한 복병을 만난 것이다.

❸ 매일 아침, 내 아이의 뇌에서 분비되는 스트레스 호르몬

당시 난 아이를 낳기만 했을 뿐 무지한 엄마였다. 그러다 보니 축복이가 아침마다 어린이집에 가기 싫어하는 모습에 처음에는 인내심을 갖고 달랬지만 점점 화가 났다. 아이의 심정이 어떨지 머리로는 이해가 되지만 매일 반복되는 상황에 짜증이 나고 지쳐 갔다. 내 아이의 뇌에서 어떤 일이 벌어지고 있는지, 그로 인해 아이가 얼마나 괴로웠을지는 알지 못했다.

아동 심리 치료사로 아이들과 부모들을 상담해 온 마고 선더랜드는 《육아는 과학이다》에서 분리불안은 생후 6개월에서 종종 5세 이후까지 계속되며 8세 아이라도 분리불안을 느낄 수 있다고 했다. 이는 '하위 뇌'라는 대뇌변연계에 있는 분리불안 체계가 아기가 엄마와 떨어지는 경우, 생존에 위협을 느껴 예민하게 작동하도록 진화되어서라고 한다. 아이들이 일부러 부모에게 매달리며 떼쓰는 게 아니라는 것이다.

흔히 '감정 뇌', '하위 뇌'라는 대뇌변연계는 원시적이고 강렬한 감정을 유발하므로 아이가 소리를 치거나 큰 소리로 울면 부모는 당황스럽다. 그래서 대부분 부모는 아이의 울음을 '떼쓰기'나 '징징거림'으로 치부한다. 나 역시 그랬다. 감정적인 고통 역시 신체적인 고통을 느낄 때와 같은 뇌의 부분이 활성화된다. 그러니 아이들이 분리불안을 느낄 때 보이는 울음 역시 부모가 세심하게 신경 써야 하는 부분이다.

아이가 분리불안을 느끼는 상황에서는 하위 뇌가 작동하는 동시에 스트레스 호르몬인 '코르티솔' 농도 또한 높아진다고 한다. 코르티솔 농도는 일반적으로 아침에 가장 높았다가 시간이 지나면서 내려간다. 네 살 아이도 어린이집에 다니며 부모와 오랜 시간 떨어져 있다면 다량으로 분비되는 코르티솔과 씨름할 수 있다고 한다.* 아이들의 사고 체계에서는 엄마가 언제 다시 돌아올지 잘 몰라서다.

큰아이가 아침마다 보였던 모습은 꾸물거림이나 게으름, 떼쓰기가 아니었다. 이유 있는 징징거림이었다. 엄마와 떨어지는 것에 대한 스트레스, 혹시 또 선생님이 없으면 어쩌나 하는 두려움이 아이를 움츠러들게 했다. 하지만 난 몰랐다. 뇌 발달이나 아이 정서에 대한 기본 지식만 있었더라도 아이의 모습을 좀 더 너그러운 시선으로 볼 수 있었을 텐데 말이다. 그러나 무지한 엄마였던 나는 아침마다 아이와의 신경전으로 하루를 시작했다.

---

* 《육아는 과학이다》, 마고 선더랜드 지음, 프리미엄북스, 2009

죄책감의 늪에 빠지다

아나운서 시절, 새벽 4시 30분에 일어나 아직 하늘에 떠 있는 달을 보며 출근했다. 집을 나서면서 시작되는 첫 일과는 새벽에 마감한 해외 증시 상황을 살피고 국내 증시에 미칠 영향을 확인하는 것이었다. 휴대전화로 블룸버그통신에 접속해 뉴욕과 유럽 주요국 증시의 마감 상황을 체크한 후 사무실에 도착하자마자 뉴스 자료를 만들었다. 첫 방송은 아침 7시 30분. 30분간 이어지는 사내 방송에서는 해외 증시 마감 상황과 국내 주식시장에 영향을 줄 만한 주요 경제지표와 증시 이벤트 등을 공유했다.

사내 방송이 끝나면 투자정보 회의가 바로 이어졌다. 회의에서는 애널리스트들이 참석해 그날의 증시 향방과 종목별 투자전략을 논의했다. 나 역시 시황 자료를 직접 써서 방송을 했기에 매일 회의에 참석했다. 회의가 끝나면 숨 돌릴 틈도 없이 9시에 주식시장이 개장하고, 장 마감까지 총 다섯 번의 공중파 방송이 이어졌다. 그렇게 방송을 모두 마치고 다음 날 준비를 하다 보면 어느새 다시 깜깜해진 저녁을 만날 때가 잦았다. 그때까지만 해도 지금 이렇게 힘든 스케줄을 소화하고 있으니 어떤 일도 잘할 수 있을 것 같았다. 하지만 그건 자만이었다. 연년생 육아는 상상을 초월했다.

퇴근이 없었다. 회사는 야근할지언정 퇴근은 있다. 그런데 연년생 엄마라는 위치는 낮에는 일 분 대기조, 밤에는 불침번을 서야 했다. 아침에 눈 뜨기가 무서웠다. 눈뜸과 동시에 엄마를 찾는 18개월 아기와 두 시간마다 젖 달라고 울어 대는 갓난아기. 두 아이의 요구를 들어주다 보면 저녁 무렵에는 늘 녹초가 됐다.

아이들이 잠든 후 얼른 쉬고 싶은 마음에 밤 9시가 되면 불을 끄고 같이 누웠다. 그런데 잠들기는 왜 이렇게 또 힘든지, 옆에서 자는 척 같이 누워도 축복이는 도무지 잠들지 않았다. 한 시간 넘게 어둠 속에 있었는데도 졸리기는커녕 말똥말똥해지는 아이의 눈동자⋯. 심지어 축복이는 계속 놀고 싶다며 방을 뛰쳐나갔다. 미칠 노릇이었다. 어쩌다 축복이가 겨우 잠들었다 싶으면 젖먹이가 울며 보챘다. 그러면 동생 소리에 축복이도 같이 깨기 일쑤였다. 심지어 잠결인 아기보고 같이 놀자며 동생을 흔들어 깨우기도 했다. 낮에도 밤에도 쉬지 못하는 날들이 이어졌다.

● 내가 아이를 잘못 키운 걸까

그 무렵, 축복이는 이전과 다른 모습을 보였다. 시도 때도 없이 엄마를 찾았다. 엄마가 눈앞에 보이지 않으면 밖에서는 말할 것도 없고 집 안에서도 엄마를 외쳐 댔다. 화장실에 볼일을 보러 갈 때도, 샤워할 때도 따라 들어왔다. 동생을 안고 있으면 자기도 안아 달라고 했고, 젖을 먹이고 있으면 자기도 먹겠다고 했다. 말로 잘 표현이 안 되니 울음이 잦아졌고 밥도 잘 안 먹으려 했다. 화가 날 땐 가지고 놀던 장난감을 던지기도 했다.

어느 날은 친할머니가 축복이를 잠시 봐주겠다며 데리러 오셨다. 축복이도 동생과 잠시 떨어져 친할머니와 둘이 지내면 기분 전환이 될 것 같았지만 아이는 친할머니를 따라가려 하지 않았다. 한번은 뭣 모르고 따라갔지만, 그다음부터는 친할머니가 오셨다는 말만 들어도 문 뒤로 숨었다. 자기를 데리고 간다는 말에는 아파트가 떠나갈 듯 소리를 지르며 울었다. 엄마와 떨어지는 것에 대해 필사적으로 저항하는 게 느껴졌다. 혼자 부모의 사랑을 오롯이 받다가 동생이 일찍 생겨 버린 아이의 마음을 모르는 건 아니었다. 축복이가 안쓰러웠지만 나 역시 숨통이 막혔다.

사랑이를 출산하기 전까지만 해도 축복이는 순한 아기였다. 그러나 동생이 생기면서 아이는 완전히 달라졌다. 왜 이런 변화가 생겼을까? 내가 아이를 잘못 키운 걸까? 엄마와 조금만 떨어져도

심하게 엄마를 찾고 불안해하는 아이의 모습을 보며 내 마음 역시 하루에도 몇 번씩 무너져 내렸다.

● 생존만큼이나 중요한 부모와의 접촉

그즈음 친정엄마가 육아 관련 서적을 몇 권 선물해 주었다. 그때까지만 해도 육아책은 읽을 생각을 하지 못했다. 그러나 책을 보면서 큰아이의 행동을 조금씩 이해할 수 있었다. 특히 아이가 왜 그렇게 불안해했는지, 왜 엄마만 찾는지 알게 되면서 아이를 보는 관점이 바뀌었다.

아기가 태어난 후 생애 초기에는 부모와의 '애착' 형성이 중요하다고 한다. 애착이란 사전적 의미로 아기가 부모 혹은 주 양육자와 맺는 심리적 유대관계를 말한다. 예전에는 애착의 중요성이 부각되지 않았다. 그러나 영국의 정신분석가이자 정신과 의사인 존 볼비 박사와 미국의 심리학자 해리 할로 박사가 애착에 관한 연구를 한 이후 상황은 달라졌다.

존 볼비 박사는 2차 세계대전 당시 생애 초기에 부모와 떨어져 지낸 아이들을 관찰했다. 그 결과 아이가 제대로 보살핌을 받지 못하면 성인이 된 후에도 지적·사회적·정서적 지체를 경험하게 된다고 밝혔다. 만 4세 전에 부모와 떨어져 결핵요양소에서 약 5개월에서 2년 정도 지낸 7~12세 아이들을 분석하고 추적했는데, 이들은 정상적으로 자란 아이들에 비해 훨씬 거칠고 주도성이 떨어지거나 과도하게 흥분할 때가 잦았다고 한다. 이 연구를 바탕으로 그는 생애 초기에 주 양육자의 적절한 돌봄에 의해 아이가 갖게 되는 안정적 애착은 자신과 타인, 세상을 이해하는 기본적인 '내적 작동 모델'을 만드는 데 중요한 토대가 된다는 이론을 세웠다.*

해리 할로 박사도 마찬가지였다. 다른 연구를 위해 원숭이 지능 실험을 하던 그는 격리된 원숭이들이 우리 바닥을 덮는 천에 집착하는 장면을 목격했다. 천을 빼앗으려고 하면 원숭이들이 필사적으로 그 천을 움켜쥐고 절규하는 모습을 보인 것이다. 이를 이상하게 여긴 할로 박사는 사랑의 본질이 무엇인지 알아보기 위한 실험을 고안하고, 가짜 어미 모형 두 개를 만든다. 하나는 젖이 나오지만 딱딱한 철사로 뒤덮인 것, 또 하나는 젖은 나오지 않지만 폭신한 천으로 뒤덮인 것이었다. 그리고 어미와 격리된 새끼 원숭이가 어떤 모형을 선택하는지 관찰했다.

이 실험을 한 1950년대에는 아기가 엄마를 찾는 이유는 허기를 느끼기 때문이고 이를 해결하는 것이 정서적 유대를 형성하는 데 중요한 요인이라고 생각했다. 하지만 결과는 정반대였다. 새끼 원숭이는 일단 허기를 채우기 위해 젖이 나오는 철사 어미를 선택

---

* 《정신의학의 탄생》, 하지현 지음, 해냄출판사, 2016

했지만, 나머지 시간 동안은 포근한 천으로 뒤덮인 가짜 어미 원숭이에게 매달렸다. 생존이 위협받는 상황이 닥치면 천 원숭이에게 달려갔다. 이를 토대로 할로 박사는 위생이나 먹는 것보다 '따뜻한 접촉으로 인한 정서적 안정감'이 새끼들에게 훨씬 중요하다는 사실을 밝혀냈다. 원숭이도 이런데 하물며 사람은 어떨까. 축복이가 그토록 서럽게 울부짖으며 엄마를 찾는 데는 이유가 있었다.

사랑이를 임신하고 있을 때 축복이는 엄마와 떨어지는 경험을 자주 했다. 당시 난 대학원 수업도 듣고 모교에서 아나운싱 강의도 병행하고 있었기 때문이다. 일할 때 아이를 데려갈 순 없으니 강의나 수업이 있는 날에는 아이를 친정이나 시댁에 맡기곤 했다. 게다가 둘째가 태어나면 나의 자유는 끝이라고 생각해 축복이를 친할머니 집에 맡기고 남편과 해외여행도 다녀왔다. 사랑이를 출산한 후에는 빨리 회복해야 두 아이를 돌볼 수 있다는 생각에 축복이 없이 산후조리원에서 2주, 친정에서 2주를 지냈다. 이렇게 긴 시간 동안 엄마와 떨어져 있었으니 축복이는 얼마나 불안했을까.

● 내 아이가 그토록 엄마를 찾았던 이유

생후 6개월 이후 아이가 눈을 맞추기 시작하면 부모는 손으로 얼굴을 가렸다가 "까꿍"하며 아이에게 얼굴을 보여 준다. 이는 자아 심리학자인 하인츠 하트만이 고안한 '대상 항상성'에 근거한 것이다. 대상 항상성이란 주 양육자와 같이 중요한 정서적 애착의 대상이 눈에 보이지 않을 때도 여전히 존재하며, 연결되어 있다고 느끼는 심리 상태를 말한다.* 이는 주로 36개월 이전에 형성되는데 대상 항상성이 형성되기 이전의 아기는 눈에 안 보이면 상대가 계속 존재한다고 생각하지 못한다. 그래서 대상 항상성이 형성되기 전의 유아들은 주 양육자가 잠깐 눈에 보이지 않아도 울거나 안절부절못하는 모습을 보이는 것이다. 이 시기에는 아이의 안정적인 정서를 위해 주 양육자가 아이와 되도록 떨어지지 않아야 한다.

그러나 이 시기에 엄마인 나와 떨어지는 경험을 자주 했던 축복이는 심리적으로 불안했을 것이다. 나중에 알게 된 얘기지만 내가 대학원 공부를 할 때, 엄마가 올 때까지 아이는 잠을 이루지 못했다고 한다. 그래서 외할아버지는 밤중에 엄마가 보고 싶다는 아이를 안고 버스 정류장까지 나가서 기다리기까지 했고, 그런 중에 아이는 울먹이다 지쳐 잠들었다고 한다. 산후조리를 한다고 떨어져 있을 때도 엄마가 나오는 동영상을 몇 번이나 반복해서 보며 겨우 잠들었다고 한다.

---

* 《정신분석용어사전》, 미국정신분석학회 지음, 한국심리치료연구소, 2002

엄마를 필사적으로 찾는 모습의 기저에는 아이러니하게도 '엄마의 부재'가 있었다. 이 사실을 알게 된 후 난 죄책감에 휩싸였다. 축복이가 불안해하는 것도, 어린이집에 가기 싫어하는 것도 모든 게 내 잘못 같았다. 시간을 되돌릴 수 있다면 얼마나 좋을까. 가뜩이나 몸과 마음이 힘든 상황에서 정신적으로도 무너지면서 나는 우울증의 늪에 빠져 버리고 말았다.

육아에도 공부가 필요해

나는 성격이 긍정적이고 낙천적이다. 안 좋은 일이 생겨도 좋은 쪽으로 해석하려 한다. 그래서 대학입시 때도, 언론고시를 준비할 때도 힘들었지만 잘 이겨 냈다. 고된 직장 생활의 어려움도 나름대로 잘 극복했다.

그런데 이번엔 아니었다. 나를 집어삼킨 건 산후 우울증이라는 괴물이었다. 산후 우울증은 출산 후 몸의 변화나 관계의 변화를 감당하기 어려울 때 찾아온다. 별것 아닌 것도 확대해서 보게 되고 그것으로 인해 마음의 상처를 입거나 생활에 어려움을 겪는 증상이 하나의 징후가 될 수 있다. 나 역시 산후 우울증을 심각하게 겪고 있었다.

아침이 밝아 오는 게 싫었다. 눈뜨고 하루를 시작해야 하는 현실이 두려웠다. 산후풍으로 몸은 으슬으슬 추웠고 온몸의 뼈마디 하나하나가 다 아팠다. 그래도 아기를 안아야 했고, 젖을 물려야 했다. 축복이의 성장통 또한 내가 감당해야 할 몫이었다. 여기에 아이를 힘들게 했다는 죄책감이 더해졌다. 그러다 보니 하루하루가 버겁게 느껴졌다. 젖먹이는 점점 자라서 기어다니기 시작했고 바닥에 있는 건 모조리 입으로 가져갔다. 아이를 위해 매일 바닥을 쓸고 손걸레질을 했다. 축복이가 엄마를 찾으면 등에 업고 바닥을 닦았고, 바닥을 닦다가 사랑이가 배고프다고 울면 젖을 먹였다. 동생이 젖 먹는 걸 보면 축복이는 자기도 먹겠다며 다른 쪽 젖을 차지했다. 살다 살다 별 기이한 경험을 다 한다 싶었다.

육아든 가사든 도우미를 고용해 도움을 받고 싶었지만 외벌이에 그런 결정을 선뜻 하기 어려웠다. 퇴근 후 남편이 도와주어도 아이들은 엄마만 찾으니 큰 도움이 되진 못했다. 게다가 다음 날 출근하는 사람에게 아이 재우는 일을 도와 달라고 하기 어려웠다. 심지어 사랑이는 아빠가 안으면 더 자지러지게 울었고 남편 또한 아이 달래는 데 서툴러 내가 재우는 날이 많았다.

어느 날은 차를 운전하는데 뒷좌석에서 두 아이가 계속 보채고 울어 댔다. 우는 소리가 지긋지긋했고 듣기 힘들었다. 순간 화가 나서 가속 페달을 밟으며 생각했다. '이대로 계속 달리면 어떨까, 죽으면 이 고통이 없어질까.' 산후 우울증이 심각했다. 하지만 당신엔 몰랐다. 이런 생각을 했다는 것 자체가 지금은 소름 끼치지만, 당시엔 그 정도로 힘들었다. 남편이 내 마음을 몰라주는 것 같은 날에는 우울한 마음이 더 심해졌다. 어느 날은 퇴근한 남편을 붙잡고 대성통곡도 했다. "손이며 뼈 마디가 안 아픈 곳이 없어. 그런데 쉴 수도 없고… 자기는 그런 거 모르잖아. 너무 힘들어서 미치겠어… 엉엉엉…" 그렇게 울던 내 모습이 아직도 생생하다. 당시 나는 매일매일 육아의 한계를 느끼며 괴로워하고 있었다.

● 반항기 큰아이와 젖먹이 작은아이와의 전쟁 같은 시간

낮에는 축복이에게, 밤에는 사랑이에게 시달렸다. 오롯이 신생아만 봐도 어려운 판국에 축복이까지 아직 아기였다. 당시 축복이는 발달 단계상 제1반항기(18~36개월)에 접어든 때였다. 부모와의 애착을 형성해야 할 시기에 엄마와 여러 번 떨어지는 경험을 했고, 세상에 나온 동생의 존재로 심리적 어려움을 겪고 있을 터였다. 그러나 아직 언어가 서툴러 제대로 표현하지 못하기에 마음에 안 들면 소리를 지른다거나 물건을 던졌다. 어떤 때는 동생을 괜히 찌르는 행동으로 자신의 불안정한 심리 상태를 표현하기도 했다. 영아기의 아기로서 당연한 모습이었다.

"물건을 던지면 장난감이 망가질 수도 있고 누워 있는 동생이

다칠 수도 있어. 지나가다 엄마나 아빠가 맞을 수도 있고. 위험한 행동이니 앞으로는 하지 말자."

처음에는 다정한 말투로 타일렀다. 그러나 이렇게 말했다고 엄마가 바라는 대로 행동하는 아이는 없다. 툴툴대며 자신의 불만족한 마음을 표현도 하고 어떨 땐 더 심하게 짜증을 부리기도 했다. 그러면 나 역시 슬슬 화가 치밀고 어느 순간 폭발하고 만다.

"하지 말랬지. 몇 번을 말해, 던지지 마!"

그러면 결국 큰아이는 울음을 터뜨렸다. 여기에 남편까지 옆에서 거들면 화가 더 치밀어 올랐다. 아이 앞에서 남편과 다투는 일까지 벌어지기도 했다.

아이가 18개월이면 스스로 걷고 뛴다. 행동반경이 넓어지니 자신감도 생기고 궁금한 것도 더 많아진다. 모든 것을 호기심 가득한 눈으로 바라보는 시기다. 물론 언어는 아직 발달 중이라 자신의 감정이나 상황을 제대로 표현하지 못한다. 그러니 부모는 아이의 행동 뒤에 감춰진 '욕구'와 '감정'을 세심하게 읽을 수 있어야 한다. 그래야 아이의 행동만 보고 부모가 섣불리 판단해 혼내는 실수를 범하지 않을 수 있다.

당시 나는 아이의 발달 단계에 대한 지식은 고사하고 감정 다루는 법도 몰랐다. 내 감정을 추스르기도 버거웠다. 아이의 감정을 살피고 챙겨야 할 엄마가 오히려 자신의 감정을 아이에게 쏟아부었던 것이다.

● 아이의 행동 뒤에는 '욕구'가 숨어 있다

마셜 B. 로젠버그는 《비폭력 대화》에서 모든 행동 뒤에는 '욕구'가 숨어 있다고 했다.* 아이가 물건을 던지는 '행동'을 보였다면 그 행동 저변에는 반드시 어떤 '욕구'가 숨어 있다는 것이다. 엄마의 관심을 받으려고 시선을 끌 만한 행동으로 물건을 던졌을 수도 있고, 동생에게 질투가 나서 괜히 물건을 던졌을 수도 있다. 이 물건을 던지면 어떻게 될까라는 호기심에서 던져 봤을 수도 있다.

그러나 부모들은 아이가 '물건을 던진 행동'에만 초점을 맞춘다. 그래서 늘 아이의 행동만 저지하기 바쁘다. 아이가 말을 듣지 않으면 부모는 화부터 내고 아이를 혼낸다. 이러한 상황에서 아이는 자신의 욕구를 해결하지 못하고 그 욕구는 아이의 무의식에 억눌리게 된다. 당시 아이의 행동을 이해하지 못했던 나는 아이를 많이 혼냈다. 하지만 아이를 혼내고 돌아서면 죄책감에 시달려야 했다. 아는 만큼 보이는 법인데 그때 난 아이에 대해 제대로 아는 게 하나도 없었다.

가끔은 산책 겸 두 아이를 데리고 근처 도서관에 들르곤 했다. 그런데 그날따라 육아서가 눈에 들어왔다. 천천히 서가를 둘러보니 다양한 분야의 책이 정말 많았다. 축복이를 등원시킨 후 사랑

---

* 《비폭력 대화》, 마셜 B. 로젠버그 지음, 한국NVC출판사, 2017

이가 낮잠 자는 시간을 이용해 책을 한두 권 읽어 봐야겠다는 생각이 들었다. 마음에 와닿는 제목의 책을 몇 권 골랐다.

전에는 몰랐다. 아이가 밥은 왜 그렇게 안 먹는지, 잠은 왜 안 자는지, 왜 떼를 쓰는지 진심으로 궁금해하지 않았다. 불평만 했다. 적극적으로 아이의 상황을 궁금해하고 문제를 해결하려는 노력 없이 상황만 보고 힘들어했다. 그리고 모든 것을 아이들 탓으로 돌렸다. 그러나 책을 읽으면서 아이들이 왜 그런 행동을 하는지 조금씩 이해할 수 있었다. 그러면서 아이를 혼내는 일이 조금씩 줄었고, 나 역시 전처럼 화내는 일이 줄어들었다. 왜 그런지 이유를 짐작할 수 있었기 때문이다.

● 본격적으로 시작한 육아 공부

그때부터 본격적인 육아 공부가 시작되었다. 여러 육아서를 손에 잡히는 대로 읽었다. 나보다 앞서 아이를 낳고 키운 선배 엄마들의 글을 읽으며 눈물 콧물을 흘리기도 하고 위로도 받았다. 어떤 책은 내용이 궁금해 아이들이 잠든 후 밤을 새워 읽기도 했다. 무언가에 집중하게 되니 잡념도 조금씩 사라졌다. 여전히 몸은 힘들었지만, 정신은 조금씩 회복되어 갔다.

아침부터 저녁까지 온종일 아이들과 씨름한 후 두 아이가 잠들면 허무한 감정이 밀려오기 일쑤였다. 나도 아이들과 함께 쓰러져 잠드는 일도 잦았지만, 아이들이 먼저 잠든 날이면 '난 왜 이렇게 살고 있나'라는 생각이 들었다. '나도 한때는 잘나가는 아나운서 였는데, 이제는 머리 질끈 묶고 애 보고 살림하는 아줌마가 되었 구나. 이러려고 기를 쓰고 공부했나' 하는 생각에 자존감은 바닥 을 쳤다. 당연히 삶은 공허하고 허무했다. 남편이 옆에 있었지만, 엄마의 심정을 온전히 이해해 주지는 못했다. 외로웠다. 그러나 외 로움을 달랠 길이 없었다. 심신이 지쳤는데 외롭고 우울한 감정이 나를 더 힘들게 했다.

그 끝에서 책을 만났다. 책을 읽는 동안은 우울한 생각이 들지 않았다. 오롯이 책에 집중할 수 있었다. 책에서 위로를 받고 안정 을 얻었다. 몸이 피곤하면 영양제를 먹는 것처럼 나의 마음과 정 신에 영양제를 놓는 것 같았다.

육아, 교육, 심리서는 내 삶과 동떨어진 게 아니었다. 아이를 이 해하고 나를 이해하고 남편을 이해하는 강력한 도구가 되어 주었 다. 난생처음 접한 '육아'라는 고난도 작업에서 헤매고 있었는데 이론적인 지식을 장착하니 실전에 도움이 되었다. 육아 공부는 그 렇게 조금씩 내 삶을 바꾸고 있었다.

남들과 다른 길을 선택하다

결혼 후 얼마 안 되었을 때의 일이다. 혼인신고서를 작성하려는
데 눈길을 끄는 항목이 있었다. '성, 본 협의'에 대한 항목이었다.
'자녀의 성, 본을 모(母)의 성, 본으로 하는 협의를 하였습니까?'라
는 질문에 '예 혹은 아니오'로 표시해야 했다. '아직 아이도 없는데
먼저 이런 걸 결정해야 하나?' 의문이 들었다.

"이거 어떻게 생각해?"

"뭘?"

"엄마 성, 본을 따르는 거 협의했냐는 질문 말이야."

"'아니오'라고 하면 되는 거 아냐?"

"근데 요즘은 아빠 엄마 성을 다 따르는 경우도 꽤 있잖아. 자

기 성이랑 내 성을 하나씩 넣는 건 어떨까?"

"그건 이상하지."

"왜 '이김○'가 이상하면 '이금○' 이렇게 해도 되잖아. 우리 선배 이금희 아나운서도 있는데 뭐가 이상해?"

"그래도 우리나라는 아빠 성을 따르잖아. 우리만 다른 것보다는 평범한 게 좋지 않을까?"

혼인신고서에 그 문항이 없었다면 크게 생각하지 않았을 것이다. 그런데 엄마의 성을 법적으로 포기하라고 강요당하는 것 같았다. 시대가 바뀌어 호주제도 폐지되고 한부모 가정도 많아지고 있는데 혼인신고서에 이런 문항은 왜 있을까. 오춘기 아줌마의 반항심이 고개를 들었다. 친한 친구에게 전화를 걸어 내심 속상한 심정을 이야기했다.

"너희 혼인신고할 때 엄마의 성, 본 따르는 거 협의했냐는 항목에 뭐라고 표시했어?"

"그런 게 있었어?"

"못 봤어? 요즘은 아빠 엄마 성 다 쓰는 사람들도 꽤 많잖아. 왜 그런 걸 출산도 하기 전에 법으로 명시해야 하는 거야?"

"어머, 난 그런 거 있는 줄도 몰랐어. 근데 민정아, 남들 하는 대로 해. 모난 돌이 정 맞는다는 말도 있잖아. 특히 우리나라에서는 튀는 거 별로야."

20년 지기 친구이자 지금은 교사인 고등학교 동창의 반응이었다. 그랬다. 우리 문화에서는 모난 돌이 정 맞고, 튀면 안 되고, 중간만이라도 가라고 가르친다. 나 역시 그런 문화에서 성장했다.

● 육아(育兒)는 육아(育我)다

난 다수의 길을 따르는 사람이었다. 사회에 널리 퍼져 있는 관념이나 의식을 큰 비판 없이 받아들여 왔다. 심지어 모범생이었다. 어찌 보면 이 사회, 기득권이 좋아하는 '말 잘 듣는 착한 아이'였다. 소수보다는 다수의 편에 서는 게 편했다. 어떤 일에 문제를 제기하고 비판 의식을 갖는 것보다 부모님과 선생님 말씀 잘 듣고 어른들이 시키는 대로 하는 게 더 익숙했다. 그렇게 12년, 대학까지 16년의 학창 생활을 보내며 '말 잘 듣는' 사회 노동자로 성장했다.

그러나 다행히도 언론고시를 준비하며 누군가의 관점이 아닌 나의 시각을 갖는 연습을 하게 되었다. 한쪽으로 치우친 프레임 안에서 사고하며 남들의 의견을 무조건 수용하는 게 아니라 균형 잡힌 사고로 결정의 순간에 스스로 판단하고 선택해야 한다는 걸 배웠다. 눈에 보이는 게 전부가 아니라는 것도 말이다.

그런데 돌이켜 보면 큰아이를 낳을 때만 해도 내 생각은 없었던 것 같다. 생각을 강요당하고 있었는지도 모르겠다. 나라에서 무상보육을 해 준다니 당연히 신청해야 한다는 주변 이야기가 맞는 것 같았다. 실제로 기관에 보내는 게 금전적으로 더 이익이다. 이해하기 어렵지만, 가정 보육으로 받는 보육료보다 기관에 다니며 받는 보조금이 더 많았다. 또한 기관에서 아이를 맡아 주는 시간 동안 엄마는 직장에 가거나 휴식을 취할 수 있다. 그러니 기관에 보내는 걸 부모들이 선호하는 건 당연하다. 그러나 육아서를 읽는 과정에서, 특히 교육 사상가들의 이야기를 접하면서 조금씩 나만의 시각이 생기기 시작했다.

육'아(兒)'서는 육'아(我)'서였다. 나를 돌아보게 하고 내 의식을 성장시켰다. 누군가의 말에 흔들리지 않을 수 있었다. 주변과 비교하고 불안해하기보다 나와 내 아이를 먼저 생각할 수 있었다. 취학 전의 대부분 아이가 다니는 어린이집, 유치원, 놀이학교 등은 남들이 다닌다고 내 아이 역시 가야 하는 건 아니다. 내 아이가 기관 생활보다 집을 더 좋아하면 집에 있어도 된다.

취학 전 모든 기관 생활은 의무가 아닌 선택이다. 지금의 부모 세대가 어렸을 때, 아니 그전 세대를 거슬러 올라가도 아이들은 학교에 입학하기 전까지 엄마와 집에서 생활했다. 이제는 시대가 변해 맞벌이 가구가 많아져 아이들이 기관에 가는 시기가 앞당겨졌지만 말이다.

그러나 모두가 어릴 때부터 반드시 기관 생활을 해야 하는 건 아니다. '의무가 아닌 선택'이라는 말을 계속하는 이유는 아이가 엄마와 집에서 함께하기를 원하고 기관에 보내지 않아도 되는 상황인데도 '주변에서 다 보내니까', '안 보내면 내 아이만 사회성이 떨어질까 봐' 등의 이유로 남이 하는 대로 해야 한다고 생각하는 부모들이 의외로 많아서다.

네 살 때 어린이집 생활을 시작한 축복이는 낮잠을 싫어했다. 더 어릴 때도 잠이 별로 없었다. 낮잠은 고사하고 밤에 자는 데도 오래 걸렸다. 어린이집에서 낮잠을 잘 잘 수 있을까 걱정했는데 역시나였다. 담당 선생님은 아이가 잠이 안 온다면서 따로 조용한 놀이를 하거나 책을 본다고 하셨다. 한번은 낮잠 시간 전에 가 보았는데 축복이는 다른 친구들에게 방해되지 않기 위해 어둠 속에서 작은 불빛에 의지한 채 책을 보고 있었다. 마음이 좋지 않았다.

어린이집 교사들은 아이들 낮잠 시간에 오전의 생활한 내용을 기록하고 다음 업무를 준비한다. 따라서 혼자만 깨어 있는 아이를 따로 돌봐 줄 여력이 없다. 4세 반은 교사 한 명당 아이 일곱 명을 돌봐야 하므로 각기 다른 아이들 한 명 한 명의 성향을 배려해 주기 어려운 게 현재 어린이집의 현실이었다.

어쩔 수 없이 축복이는 9시 30분에 등원해 낮잠 시간 전인 12시 30분에 하원하기로 했다. 세 시간 정도 오전 놀이를 하고 집에 오는 것이다. 하원 후에 한 손으로는 사랑이가 탄 유모차를 밀고, 다른 한 손으로는 축복이 손을 잡고 동네를 한 바퀴 돌았다. 오전의 어린이집 일정 외에는 다른 스케줄이 없어 마트에서 낙지나 오징어를 한참 구경하기도 했다.

"이게 누구야. 꼬마 박사님 또 오셨네."

"이거 문어인가요? 동그란 건 빨판이죠?"

"맞아, 빨판!"

"와. 신기하다. 이 부분은 누두인가."

"오, 누두? 그건 또 어떻게 알아."

"책에서 봤어요."

아이는 마트 한구석에서 바다생물을 관찰했다. 그런 꼬마 아이가 귀여운지 마트 직원분들도 흔쾌히 아이와 말동무가 되어 주었다. 문어를 관찰하고 나면 산책로에서 무언가를 옮기고 있는 개미를 들여다보고 나뭇가지를 모아 새 둥지를 만들기도 했다. 그야말로 자유로운 시간이었다.

자연 관찰 시간이 끝나면 집에서 그날 봤던 생물이나 곤충 책들을 보았다. 그즈음부터 아이는 더 많은 책을 읽고 싶어 했다. 자연 관찰 책은 물론이고 거장들의 그림책을 접하며 "또, 또 읽어 줘!"를 외쳐 댔다. 좋아하는 책은 몇 번씩 반복해서 읽었고 짧은 문장의 책은 내용을 줄줄 외우기도 했다. 이것저것 하고 싶은 것도 많고 궁금한 것도 많은 아이는 밤이 되면 눈이 더 반짝였다.

졸리지 않다는데 밤 9시만 되면 억지로 눕히고 재웠던 지난날, 한 시간 넘게 아이 옆에서 자는 척하다 폭발한 적이 많았던 나는 이제 그냥 아이의 욕구를 따라가기로 했다. 그러다 보니 내가 정한 취침 시간을 훌쩍 넘기는 날들이 많아졌다. 한 시간 넘게 좋아하는 책을 읽어 주기도 하고, 같이 그림을 그리기도 했다. 그 사이 사랑이는 오빠를 따라 하다가 옆에서 어느새 잠이 들곤 했다. 본인의 욕구가 원 없이 충족된 축복이도 어느 순간엔 졸리다며 자고 싶어 했다. 아이의 욕구를 따라가며 내 몸은 힘들었지만 억지로 화내며 재우던 시절을 생각하면 마음은 편했다.

문제는 취침 시간이 늦어지다 보니 아이가 일찍 일어나기 힘들어한다는 점이었다. 등원 시간은 조금씩 늦어졌고 10시에 등원했다가 두 시간 만에 오는 일이 빈번했다. 아침에 두 아이를 깨워서 준비하고 축복이를 보내고 나면 금방 하원 시간이 찾아왔다. 집에 데리고 있는 것보다 더 바쁘고 손이 갔다. 아이도 교사의 부재를 경험한 이후로 "왜 매일 어린이집에 가야 해?", "집에 있고 싶은데 아침에 더 자면 안 돼?" 등의 질문을 계속했다. '하고 싶은 것'보다 '해야 하는 것'을 알려 주기에는 아직 어린 나이였다.

● 인적이 드문 길을 선택하다

4세였던 축복이는 발달 단계상 친구들과 상호 작용을 하며 놀기보다 개별 탐색을 많이 하고 자아중심적인 시기였다. 아동의 정신발달 과정을 연구한 심리학자 장 피아제는 아동의 인지 발달 단계를 4단계로 구분했다. 1단계는 감각운동기(0~2세), 2단계는 전

조작기(2~7세), 3단계는 구체적 조작기(7~11세), 4단계는 형식적 조작기(11~15세)다.

축복이는 '전 조작기'에 해당했다. 이 시기의 특징 중 하나는 '자기중심적'이다. 세상의 중심이 오직 '나'로 인식되는 시기인데 이는 이기적인 것과는 다르다. 그러므로 이 시기의 아이들은 장난감을 가지고 놀 때 상대에게 빌려주는 게 어려울 수 있다. 상대가 아닌 '나' 중심적인 사고를 하고 아직 나눔과 협동에 대한 인식이 발달하지 않은 시기이기 때문이다. 이 시기는 같은 공간에 있어도 자기중심적인 측면이 강하다. 따라서 같은 공간 안에 있어도 함께 놀기보다는 대개 자신의 관심사에 초점을 맞춰 각자 노는 경향이 있다.

축복이의 어린이집 교실에서는 열네 명이 함께 생활했고 아이 수에 맞는 다양한 교구가 있었다. 그러나 하나의 물건을 다수가 원할 때는 불가피하게 나눠 써야 하고 그 과정에서 상처가 생길 수도 있었다. 논리적 사고가 아직 발달하지 않은 시기이니 말이다. 물론 전문적인 지식을 갖춘 선생님들이 현명하게 대처해 주시리라 믿지만, 이상과 현실은 다르기에 마음이 쓰였다. 친구들과 어울리기보다 혼자 탐색하는 시기라는 점을 고려할 때 '사회성'을 걱정하며 어린이집을 꼭 보내야 하는 건 아니라는 생각도 들었다.

결국 나는 아동의 연령별 특성과 내 아이의 기질을 고려할 때 기관 생활보다 가정 보육이 더 이롭다는 판단을 하게 되었다. 그래서 10개월 정도 다녔던 어린이집 생활을 과감하게 정리하기로 했다. 5세, 3세 두 아이와 함께하는 가정 보육 생활이 시작된 것이다. 대부분 아이가 기관 생활을 시작하는 시기에 나는 다른 길을 선택했다. 다수에 속했을 때 편안함을 느꼈던 나로서는 당시 선택의 무게가 가볍지 않았다. 그러나 아이들을 위해 용기를 내기로 했다.

숲속에 두 갈래 길이 있었고, 나는
사람들이 적게 간 길을 택했다고
그리고 그것이 내 모든 것을 바꿔 놓았다고

시인 로버트 프로스트가 〈가지 않은 길〉에서 말했듯이 나는 인적이 드문 길을 선택했다. 그리고 그 선택은 나와 아이들의 많은 것을 바꿔 놓았다.

2장

교육 사상가들의
가르침을 따르다

자녀교육, 철학이 중요하다

"자, 밥 먹자. 엄마가 맛있는 거 했어."

"나, 이거 먹기 싫은데…. 당근 이런 거 맛없어."

"그래도 몸에 좋은 거니까 조금씩이라도 먹어 보자."

"싫어, 먹기 싫은데 엄마는 억지로 먹으라 하고. 엄마 미워!"

"책에서 봤지? 골고루 먹어야 몸이 튼튼해지는 거야."

"아니야, 엄마 미워!"

아이들을 준다고 음식을 했는데 거절당하면 속상했다. 게다가 '엄마 미워'라는 말까지 들은 날은 더했다. 속에서 불이 나는 걸 참고 화장실로 향했다. 집에서 두 아이를 피해 숨어 있기 가장 좋은 곳은 화장실이었다. 지친 마음을 달랠 겸 변기 위에 멍하니 앉아 있으면 어디선가 또 나를 찾는 목소리가 들려왔다.

"엄마, 엄마 어딨어?"

속에서 천불이 났다.

'아까는 엄마가 그렇게 밉다더니…. 제발 좀 그만 찾아라. 나도 좀 살자.' 소리치고 싶었다. 미운 네 살이라더니 정말 그런 건가. 아이는 밥을 잘 먹지 않으려 하고 엄마가 밉다는 말을 자주 했다. 밤에는 잠을 안 자고 지칠 때까지 놀고 싶어 했다. 동생이 생긴 후로는 엄마 젖을 다시 먹겠다고도 하고, 한시도 엄마와 떨어지려 하지 않았다. 눈을 뜨면서부터 감을 때까지 엄마를 찾았다. 나에게 그야말로 자유란 없었다. 아이가 정말 미울 지경이었다.

그렇게 깊은 수렁에 빠져 힘들어하고 있을 때 나는 교육계의 거장들을 만나게 되었다. 이때 만난 육아 고전들은 나를 크게 위로해 주었다. 내가 힘든 건 아이 탓이 아니라 아이를 있는 그대로 바라보지 못하는 '나의 시선 때문'이라는 것도 알게 되었다.

그때부터 도서관에서, 서점에서 육아서와 교육서를 탐독했다. 이 책들은 나를 또 다른 세계로 이끌었다. 유아 교육에 대한 새로운 패러다임을 제시한 루소, 페스탈로치, 몬테소리 등을 접하며 내가 얼마나 아이라는 존재에 대해 무지했는지를 깨달았고, 영재교육의 시초라 불리는 카를 비테를 만나며 지금까지 가지고 있던 육아에 대한 나의 고정 관념이 완전히 무너지기도 했다. 누구나 키우는 대로, 부모가 우리를 키운 대로 그렇게, 아니 어쩌면 그보다 더 무지한 상태에서 육아를 했던 나에게 교육계 거장들의 이야기는 큰 충격으로 다가왔다. 육아의 패러다임이 바뀌고 교육에 대한 고정 관념이 뒤집히는 순간이었다.

부모라면 누구나 아이를 잘 키우고 싶어 한다. 동서고금을 막론하고 모든 부모가 그럴 것이다. 육아는 모든 부모의 지상 최대 과제다. 교육도 마찬가지다. 그러나 어떻게 아이를 양육할지, 무엇이 진정한 교육인지 진지하게 고민하는 부모는 드문 것 같다. 나역시 그랬다.

● 좋은 교육을 받는다는 것은 어떤 의미일까?

초보 엄마들은 일반적으로 친정 부모나 시부모, 육아도우미 등의 도움을 받는다. 이 과정에서 육아에 대해 잘 모르는 젊은 엄마들은 윗세대의 양육 방식을 무의식적으로 전해 받게 된다. 교육또한 마찬가지다. 우리가 어릴 때 받은 그대로를 아이에게 답습하는 경우가 많다. 그리고 '학교나 학원에서 무언가를 배우는 것'을 교육이라고 생각한다.

내가 어릴 때만 해도 학교 수업이 끝나면 친구들과 노는 시간이 많았다. 달리기를 좋아했던 나는 지칠 때까지 친구들과 운동장에서 달리기 시합을 하곤 했다. 그런데 요즘은 아이가 다섯 살만 되어도 '이제 영어유치원으로 옮겨야 하나?', '수학은 어느 학원을 보내야 하지?' 같은 엄마들의 고민이 시작된다.

아이 교육에 대한 고민 자체는 나쁜 게 아니다. 다만 이러한 고민의 기저에는 '학원을 가고 교사에게 무언가를 배워야만 좋은 교육을 받는 것'이라는 무의식적 믿음이 깔려 있다. 과연 그럴까. 어릴 때부터 어딘가에 보내져서 누군가로부터 무언가를 배워야만 좋은 교육을 받는 걸까?

축복이가 어린이집을 그만두고 가정 보육을 하고 있을 때다. 정해진 일정이 없으니 아이는 원하는 시간에 일어나고, 놀고 싶을 때 나가서 놀았다. 한나절 내내 놀이터에 있다 보면 어린이집이나 학원이 끝나는 시간에 따라 놀이터를 찾는 친구들이 바뀌었다. 두 아이는 계속 바뀌는 또래 친구들과 함께 종일 지루한 줄 모르고 놀았다.

그러던 어느 날, 아이들이 미끄럼틀 타는 걸 옆에서 보고 있었는데 축복이와 같은 어린이집을 다니던 일곱 살 형의 엄마가 말을 걸어 왔다.

"어린이집 그때 그만두고 계속 집에 있는 거예요?"

"네. 아직 애들이 어려서요."

"벌써 다섯 살인데 그냥 집에만 있으면 어떡해요. 요 앞에 영어유치원 방과후라도 넣어 봐요."

"방과후 수업이 있어요?"

"그럼요. 영유 안 다니는 애들은 방과후 수업 두세 타임 정도 하잖아요."

우리 집 앞에는 유명한 영어유치원이 있었다. 다섯 살까지는 아이들이 일반 유치원이나 어린이집을 다니다가 여섯 살이나 늦어도 일곱 살이 되면 대개 영어유치원으로 옮겼다. 집 앞에 영어유치원이 있다 보니 그 엄마 말대로 그 유치원을 안 다녀도 방과후 수업을 듣는 아이들이 많은 건 사실이었다. 심지어 영어유치원을 다니면서 진도를 따라가기 위해 개인 과외를 받기도 했다. 학습지나 방문 미술, 창의 수학, 가베, 악기 하나쯤 하는 건 기본이었다.

1~2년 먼저 아이를 키운 선배 엄마의 눈에는 매일 아이들과 놀이터에서 죽치고 있는 내 모습이 요즘 교육이 어떻게 돌아가는지 전혀 모르는 '철없는 엄마'로 비췄던 것 같다. 이른바 '사교육 천국' 강남에서, 유치원을 다니고 사교육도 슬슬 시작해야 할 시기에 가정 보육이라니….

그러나 당시 나는 시류에 편승해 어떻게 우리 아이를 뒤처지지 않게, 아니 앞서게 교육할 수 있을까를 고민하고 있지 않았다. 가정 보육이라는 남들과는 다른, 어쩌면 좁은 길을 선택하고 외로운 터널 안에서 홀로 공부하면서 '어떻게 내 아이의 잠재력을 끌어내 줄 수 있을까'를 고민하고 있었다. 어쩌면 가는 길 자체가 달랐는지도 모르겠다.

● 교육을 바라보는 동서양 관점의 차이

육아는 '기를 육(育)'에 '아이 아(兒)' 자를 쓴다. 아이를 기른다는 의미다. 교육(敎育) 역시 '가르칠 교(敎)'에 '기를 육(育)' 자를 쓴다. 이 또한 가르쳐 기른다는 의미다. 단어의 뜻을 풀어 보면 우리가 생각하는 육아나 교육은 부모가 주체가 되어 아이를 기르고 가르친다는 의미가 강한 것 같다.

아이를 키운다는 말만 봐도 알 수 있다. '가르친다', '키운다'라는 말속에는 아이가 스스로 자란다는 의미보다는 어른이나 부모, 즉 외부에서 아이에게 주는 영향력을 더 크게 보고 있는 것 같다. 어쩌면 육아나 교육에 대한 우리의 시선은 전통적인 유교적 가르침과 맞닿아 있는 건 아닐까. 조선 시대 교육 기관인 서당에서는 훈장이 《천자문》을 먼저 독송하면 아이들이 따라 하는 방식으로 학문을 배웠다. 과거 시험도 유교 경전에 대한 지식을 얼마나 많이 아는지가 중요했다.

반면 서양은 다르다. 교육을 뜻하는 영어 'education'의 동사 'educate'는 라틴어 'educare'에서 파생되었다. 'educare'는 '밖으로'라는 의미의 'e'와 '끌어내다'라는 의미의 'ducare'가 합쳐져서 '밖으로 끌어내다'라는 뜻을 담고 있다. 서양의 어원을 통해 본 교육의 의미는 타고난 아이 고유의 잠재력을 '밖으로 꺼낼 수 있게 도와주는 행위'를 뜻한다.

'밖에서 많은 정보를 집어넣는 것'과 '안에서 밖으로 잠재력을 끌어내는 것'. 교육이라는 단어의 의미가 이렇게 다르듯, 교육을 바라보는 시선 자체에도 동서양은 큰 차이가 있는 것 같다.

100명의 아이가 있으면 100개의 정답이 있다

좋은 부모와 훌륭한 스승에게서 가르침을 받는 건 중요하다. 그러나 그 이전에 세워야 할 교육의 기본 전제가 있다. 아이들은 모두 다 다르다는 것이다. 100명의 아이가 있으면 100개의 정답이 있다고 말하는 유대인의 교육 철학처럼, 우리 역시 획일적인 시각에서 벗어나야 한다. 그 '다름'을 존중하는 문화에서 아이들 각자의 타고난 잠재력을 끌어내는 것이 진정한 교육이라고 생각한다.

천재 물리학자인 아인슈타인은 이렇게 말한 바 있다. "사람은 누구나 천재다. 하지만 나무에 오르는 능력으로 물고기를 판단하면 물고기는 자신이 바보라고 생각하며 평생을 살게 될 것이다."

교육의 첫 번째 목적은 내 아이가 '물고기인지, 독수리인지, 아니면 치타인지 아는 것'이 되어야 한다. 내 아이가 물고기라면 맑은 물에서 헤엄칠 수 있는 환경을 만들어 주고, 내 아이가 독수리라면 같이 하늘을 날 방법을 고민하면 된다. 내 아이가 치타라면 빠르게 달려야 직성이 풀리는 그 성향을 존중해 주면 된다. 단 하나의 기준으로 물고기와 독수리, 치타를 비교하는 건 애초에 잘못된 방식이다.

눈만 돌리면 주변에 유혹이 많았다. 강남에서 유치원생 두 아이를 가정 보육하는 내 모습은 특이하게 비춰졌다. 그러나 그 시기는 나와 우리 아이들이 물고기인지 독수리인지 혹은 치타인지 알아가는 반드시 거쳐야 할 시간이었다.

도시는 인류의 무덤이다

축복이가 어린이집을 다닐 때다. 늦지 않게 축복이를 등원시키고 작은아이를 태운 유모차를 밀며 근처 서점으로 향했다. 그날 따라 교육 분야에 눈길이 갔다. 천천히 서가를 둘러보았다. 익숙한 제목의 교육서에서 눈길이 멈췄다. 고등학교 때 사지선다 시험을 보려고 저자와 제목만 달달 외웠던 그 책, 루소의 《에밀》이었다. 표지에는 '인간 혁명의 진원지가 된 교육서'라는 부제가 달려 있었다. 내용이 궁금해 펼쳐 보았다. 첫 문장부터 강렬했다.

참으로 이상한 일이다. 모든 것은 조물주에 의해 선하게 창조됐음에도 인간의 손길만 닿으면 타락하게 된다. (…) 인간은 자신의 취향에 따라 같은 인간을, 마치 가축이나 정원의 나무처럼 왜곡하고 변형한다. (…) 그러므로 인간의 교육은 어려서부터 제대로 이뤄져야 한다.

책에서 눈을 뗄 수가 없었다. 한 문장 한 문장이 가슴 깊이 들어왔다. 조물주에 의해 이뤄진 완벽한 창조물이 인간에 의해 타락해 가는 모습이 뼛속까지 아프게 다가왔다. '인간이 같은 인간을 자신의 취향대로 왜곡하고 변형한다'라는 대목이 무섭게 들렸다. 나의 머릿속은 복잡해졌고 여러 가지 질문이 솟구쳤다. 우리 사회에서 교육이라는 이름 아래 행해지고 있는 모든 것이 과연 진정한 교육인가. 아이들을 교육한다면서 실제로는 내 취향대로 만들기 위해 아이의 본성을 왜곡시키는 건 아닌가. 아이들에게 나의 관념을 가르치는 걸 교육이라고 혹시 착각하고 있는 건 아닌가.

● 어린이는 작은 어른이 아니다

《에밀》을 읽으며 21세기를 살아가는 내 가슴도 뜨거워지는데 절대왕정 시대를 살았던 18세기 사람들은 어땠을까. 이 책은 당대 사람들에게 큰 충격이자 한 줄기 빛과 같았을 것이다. 아이 인권은 고사하고 아이들이 '작은 어른'으로 취급받던 시대에, 이 교육서는 출간되자마자 세상을 뒤흔들었다. 《에밀》이 프랑스 혁명의 불씨가 되고 금서가 된 건 결코 우연이 아니다.

《에밀》을 만나고 지금 봐도 놀라운 교육관을 펼친 사상가가 있었다는 사실에 가슴이 진정되지 않았다. 그리고 이러한 교육서가 나온 지 250년 이상이 지났음에도 우리의 교육 현실과 아이들에 대한 인식은 이보다 훨씬 뒤처져 있다는 사실에 다시 한번 놀랐다. 어쩌면 우리는 '어린이'라는 우리와는 전혀 다른 존재에 대해 제대로 알지 못한 채 아이를 양육하고 있는지 모른다.

18세기 위대한 철학자이자 사상가이며 교육자인 루소. 루소는 내가 육아와 교육에 대한 나름의 철학을 세울 수 있게 도와준 큰 스승이었다. 《에밀》은 내가 다수가 가지 않는 '좁은 길'을 선택할 용기를 준 지침서였다. 내가 지금까지 알고 있고, 생각하고 있고, 당연하다고 믿었던 관념들이 진실이 아닐 수 있다는 생각을 가지게 해 준 고마운 책이기도 하다.

빨간색 렌즈의 안경을 끼고 있으면 세상이 온통 빨간색으로 보이지만 파란색 렌즈를 끼고 있으면 온통 파란색으로 보인다. 안경에 먼지가 뿌옇게 끼어 있으면 세상은 늘 안개 속처럼 뿌옇게 보인다. 내가 어떤 렌즈를 끼고 있느냐에 따라 세상은 빨갛게 보이기도 하고 파랗게 또는 뿌옇게 보이기도 한다. 그리고 그게 세상의 모습이라고 믿고 내가 끼고 있는 렌즈에 비친 세상을 아이들에게 가르쳐 주게 된다. 그게 진실이 아닐 수도 있다는 생각을 추호도

하지 못한 채 '세상은 빨간 곳이야', '세상은 파란 곳이야' 혹은 '세상은 뿌연 곳이야'라고 말이다.

아이들을 교육하기에 앞서 양육자인 내가 색안경을 쓰고 있다는 사실을 자각해야 했다. 편견이라는 색안경, 관념이라는 색안경을 벗어야만 아이들에게 있는 그대로의 세상을 가르쳐 줄 수 있었다. 그것이 아이들의 영혼을 지켜 주는 길이었다.

❖ 아이들이 유년기를 기쁨으로 만끽하게 하라

어른들이여, 아이들을 사랑하라. 자애로운 마음으로 그 아이들의 천성을 독려하라. (…) 어째서 당신은 한 번뿐인 유년의 세계를 고통으로 채워 주려 하는가. 아이들로 하여금 살아 있다는 기쁨을 만끽하게 하라.*

아이가 태어난 순간의 그 벅찬 감동은 부모라면 누구나 느꼈을 것이다. 그리고 건강하게만 잘 자라 달라는 소박한 소망을 가진다. 그러나 아이가 자라면서 부모의 기대는 점점 커진다. 아이가 특별한 재능을 조금이라도 보이면 부모의 기대는 어느새 욕심으로 변

---

* 《에밀》, 장 자크 루소 지음, 돋을새김, 2015

한다. 나 역시 그랬다.

축복이는 글을 일찍 깨쳤다. 40개월부터 한글을 읽었고 48개월이 되기 전에 알파벳을 읽고 썼다. 집에서 다양한 책을 읽어 주었을 뿐인데 글을 깨치다니 영재인 것 같았다. 아이의 타고난 언어 감각을 더 발전시켜 주고 싶다는 생각이 들었다. 그래서 이것저것 찾아보니 소셜미디어에 영재 시험 등에서 상위 몇 %라며 자녀의 발달검사 결과를 공개한 글들이 많았다.

그때부터 왠지 모를 불안감이 들었다. 다른 엄마들은 아이가 어릴 때부터 다양한 정보를 수집해 많은 걸 해 주고 있는 것 같았다. '나는 지금까지 뭐 하고 있었지?', '난 왜 이런 걸 몰랐지?'라는 생각과 함께 소셜미디어에 자녀의 검사 결과를 올려놓은 그 엄마들이 내심 부러워졌다. 다들 나와 생각이 비슷한지 그 글에는 아이 교육에 관한 질문들이 수백 개가 달렸다. 그리고 나도 모르게 생면부지의 그 아이들과 내 아이를 자꾸 비교하고 있었다. 그렇게 종일 정보 검색을 한답시고 소셜미디어를 들여다보며 남의 집, 남의 아이 얘기에 온통 정신을 쏟고 나면 정신적으로 피폐해졌다.

그런 후 축복이가 나를 찾기만 해도 속에선 왠지 모를 짜증이 올라왔다. '지금 이렇게 놀고 있을 때야? 책이라도 한 자 더 읽지, 옆에 있는 엄마는 왜 찾고 난리야?' 엄마 마음이 이러니 눈빛이 따뜻할 리 없었다. 그런 날은 괜히 아이에게 차갑게 대했다. 마치 엄마의 비위를 건드리지 않으려면 조용히 책을 보거나 공부하는 모습을 보이라는 듯이.

네다섯 살 된 아이들의 지능검사가 훗날 아이들의 삶에 얼마나 큰 영향을 미칠까? 시간이 흐르고 그 상황을 객관적으로 바라보는 지금은 웃으며 그때를 회상하지만, 당시에는 그런 상황을 마주하면 자꾸만 마음이 조급해졌다. 몇 살 때까지 이것만은 꼭 해야 한다는 등의 광고를 보면 더욱 그랬다.

엄마의 심리가 불안정하니 그 피해는 고스란히 아이에게 갔다. 남과의 비교에서 오는 불안에 사로잡혀 아이를 있는 그대로 바라보고 인정하지 못했다. 루소의 말대로 '자애로운 마음으로 아이들의 천성을 독려하고 사랑'하기는커녕 부모인 내가 아이의 목표를 정해 놓고 언제까지 이 정도는 해야 한다고 압박을 가했던 건 아닌지 생각해 봤다. 한 번뿐인 유년기를 '해야만 하는 것'에 갇히게 하진 않았는지 말이다.

루소를 만나고 나는 스스로에게 계속 되물어야 했다. 혹시 아이를 위한다는 마음으로 하는 모든 것이 아이의 영혼에 상처를 주는 건 아닌지, 내 무의식 깊이 자리한 열등감을 아이를 통해 우월감으로 채우려 했던 건 아닌지…. 사랑이라는 이름으로 포장된 내 욕심을 직면하는 작업은 고통스러웠다. 그러나 내 욕심을 알아차리고 걷어 낼수록 아이들의 눈빛은 더 살아나고 빛났다. 그때부터 아이를 위해 다짐했다. 아이의 행복한 '오늘'을 지켜 주자고 말이다.

기적을 대하는 눈으로 아이를 바라보라

아이들이 노는 동안 벤치에 앉아 책을 보고 있는데 동네 엄마
가 인사를 했다.

"오랜만이네, 잘 지내요? 혹시 애들 몬테소리 교구 해 본 적 있
어요?"

"몬테소리요? 들어는 봤는데 해 본 적은 없네요."

"어머, 그렇구나. 집에서 몬테소리 교구로 애들 가르치면 좋대
서 얼마 전에 100만 원 주고 샀거든요. 근데 해 주기는커녕 집에
모셔 놓고 있어서 팔아야 하나 고민하고 있어요."

나보다 한 세기 먼저 태어난 몬테소리 여사. 교육학 서적을 읽
기 전, 몬테소리는 나에게 유치원이나 교구 이름을 장식하는 수식

어구에 불과했다. 그러나 의사였던 몬테소리가 교육학도로서 자기 삶을 개척해 가는 모습은 같은 여성으로서 큰 감동을 주었다. 특히 몬테소리가 아이들을 대하는 모습을 보면서 더욱 그녀의 가치관에 매료되었다.

> 아이들은 내면에 자신의 발달을 추진할 수 있는 모든 능력을 갖추고 있다. 알맞은 환경에 두고 발달에 적합한 자료를 제공하면 아이들은 자발적으로 내적 동기에 따라 움직인다. (…) 교육에서 가장 중요한 것은 아이들을 중심에 세우는 일이다.*

● 아이는 나와 다른 자립적인 인격체다

우리가 부모라는 이름으로 아이를 양육하고 교육하면서 가장 크게 범하는 오류가 있다. 아이를 '자립적인 인격체'로 보지 않는 것이다. 내가 낳은 아이이니 나의 분신, 더 나아가서 나의 소유물처럼 바라보기도 한다. "엄마인 내가 너보다 몇십 년을 더 살았으니 엄마 말을 들어야지!" 혹은 "아빠가 살아 보니 이 정도는 해야 한다"라는 말로 아이들을 다그친다. 우리는 과연 교육의 중심에

---

* 《몬테소리 평전》, 지구르트 헤벤슈트라이트 지음, 문예출판사, 2011

아이를 놓고 있는 걸까. 아이들의 생각을 단 한 번이라도 제대로 바라보고 들어 본 적이 있긴 한가. 아이 내면의 자발적 동기를 존중하고 스스로 자기 삶을 개척할 자립적인 인격체로 보고 있는가. 부끄럽게도 나는 아니었다.

축복이가 다섯 살쯤 됐을 때의 일이다. 당시에는 가정 보육을 하고 있었고, 학습지나 다른 사교육도 안 하고 있던 터라 시간이 많았다. 한글은 책을 읽으며 잘 익히고 있으니 수 개념과 시계 보는 법을 체계적으로 가르쳐야겠다는 생각이 들었다.

서점에 가 보니 4세 수학, 5세 수학 등 이 나이에 이 정도는 알아야 한다는 메시지를 주는 문제집들이 상당했다. 그중에서 한두 권을 골랐다. 저녁에 시간을 정해 문제집을 몇 장씩 풀고 계획대로 잘하면 스티커를 붙여 주기로 했다. 일주일 동안 스티커를 많이 붙이면 상도 준다고 '당근'을 내비쳤다. 외적 보상을 내건 것이다.

처음에는 아이가 '상'이라는 말에 신나게 문제를 풀었다. 스티커가 하나둘 늘어 가는 모습에 스스로 즐거워하기도 했다. 그러나 시간이 지나면서 아이는 점점 "아, 오늘은 하기 싫다", "이거 재미없어"라며 흥미를 잃어 갔다. 영유아기 아이들에게 가장 중요한 요소는 '재미'다. 그런데 문제집 푸는 활동이 뭐가 재밌겠는가. 외적 보상이 있다고 해도 '재미'가 없으니 하고 싶어 하지 않았다. 아이의 집중력은 점점 흐려졌다. 몸을 배배 꼬며 하기 싫다는 마음을 온몸으로 표현했다. 그런 아이의 태도를 보며 내 인내심도 한계에 다다랐다.

"똑바로 앉아. 자세가 이게 뭐야? 그럴 거면 하지 마. 하려면 제대로 해야지!"

엄마가 짜 놓은 스케줄에 일방적으로 따라야 하고 제대로 하지 않으면 엄마가 화를 낸다고 생각해 보자. 과연 그 활동이 재미있을까? 그렇게 하는 공부가 아이에게 얼마나 도움이 될까? 영유아기는 왜 이 공부를 해야 하는지 아직 논리적으로 이해되지 않는 나이다. 현재를 사는 아이들에게 나중에 다 필요한 공부니까 싫어도 해야 한다고 얘기한들 아이들은 알지 못한다. 스스로 내적 동기가 없는 상태에서 엄마가 해야 한다고 해서 하는 활동은 부모와 아이 모두에게 득보다 실이 더 크다. 심지어 공부 자체를 싫어하게 되는 지름길이 된다.

마리아 몬테소리는 상벌 체계를 반대했다. 못했을 때 주는 벌과 마찬가지로 잘했을 때 주는 상에도 반대한 것이다. 몬테소리는 상과 벌처럼 외부에서 주어지는 자극은 모두 아이 내면에 잠재해 있는 힘을 가로막는다고 보았다.

그러나 부모들은 불안하다. 상과 벌을 주어서라도 공부를 잘하게 하고 싶은 게 솔직한 부모 마음이다. 학교 시험, 대학입시가 인생의 유일한 목표인 듯 온 국민이 하나 되어 아이들을 성적순으로 줄 세우는 우리나라에서 '내 아이만 뒤처지면 어떡하지'라는 불안감이 드는 건 어찌 보면 당연하다. 그러나 그건 부모인 우리의 불안감이다. 다 너를 위해서라고 말하지만, 무의식 깊이 들여다보면 부모인 우리가 덜 불안하고 싶어 아이들에게 이것저것 시키는 것이다. 아이가 학원에 가서 뭐라도 배우고 있으면, 책상 앞에서 숙제라도 하고 있으면, 엄마인 내가 덜 불안해지기 때문이다.

교육의 중심은 아이여야 한다

그러다 보니 교육의 중심이 아이가 될 리 없다. 아이들은 커 가면서 배우고 싶은 것, 알고 싶은 것이 생겨야 내적 자발성에 의해 스스로 공부하게 된다.

그러나 현실은 어떤가. 우리 아이들은 유치원 때부터 엄마가 짜 놓은 일정을 소화해야 하는 '중대 임무'를 맡는다. 여기에 내적 자발성이 끼어들 틈은 없다. 대신 "학원 잘 다니고 공부를 잘하면 게임 시켜 줄게", "시험 잘 보면 원하는 거 사 줄게"라는 식으로 외적 보상을 내건다. 그러다 보니 아이들은 배움에 대한 순수한 즐거움을 느낄 수 없게 됐다. 자기 내면의 호기심을 해결하며 희열을 얻을 기회를 아이들은 박탈당한 것이다. 대신 자기에게 주어진 임무를 얼른 끝내고 게임을 하고 싶은 욕망만이 아이들의 즐거움으로 자리 잡았다. 부모들은 아이를 위한다고 온갖 좋은 교육 프로그램을 제공하지만 그럴수록 아이들은 점점 배움에 흥미를 잃게 되니 이 얼마나 안타까운 일인가.

아이에게 외적 보상을 해 주고 공부(?)를 시켜 보겠다던 나의 얄팍한 수법은 실패로 돌아갔다. 그러나 그때의 시행착오를 통해 아이의 배움에서 가장 중요한 건 내적 동기, 자발성이라는 걸 알게 되었다. 그 자발성이 움틀 때까지 기다려 주는 게 부모의 역할이라는 것도 깨달았다. 몬테소리가 '교육에서 가장 중요한 것은 어떤 좋은 프로그램보다 아이 내면에 그 아이에게 필요한 모든 능력이 잠재되어 있다는 걸 부모가 믿는 것'이라고 했듯이 말이다.

그때의 실패 이후, 내 불안감을 잠재우기 위해 아이 내면의 호기심을 꺾어서는 안 된다고 다짐하고 있다. 그래도 여전히 어렵다. 그럴 땐 아이가 지금보다 더 어릴 때를 떠올려 본다. 누워만 있던 아이가 뒤집기를 했을 때, 기어다니던 아이가 한 발 한 발 스스로 내디뎠을 때, 아이의 한순간 한순간이 기적처럼 다가왔던 그때를 말이다. 그리고 20년, 30년 후도 상상해 본다. 아이가 장성해 엄마 품을 떠난 모습을 그려 보면 지금 이 순간의 모든 게 그저 감사하게 다가온다. 아무리 엄마에게 혼나도 가장 좋아하는 사람이 아직은 엄마인 아이들. 계속 무언가를 요구해도 변함없이 엄마를 가장 사랑하는 아이들.

내 아이만을 생각하면 답은 명백해진다. 아이의 모든 순간을 기적처럼 바라보고 기다려 주는 것, 그 누구도 아닌 부모인 우리만이 아이들에게 해 줄 수 있는 가장 가치 있는 일이다.

모든 아이는 하나의 씨앗이다

두 아이를 가정 보육하던 시기, 아무도 없는 놀이터에서 종일 두 아이의 뒤를 쫓아다니다 보면 아나운서 시절이 생각나곤 했다. 나도 한때는 각 잡힌 정장에 또각또각 소리 나는 하이힐을 신고 뽀얀 얼굴로 카메라 앞에 서던 때가 있었는데, 그런데 이제는 놀이터 지킴이가 되어 그네만 오백 번 밀어 줘야 하는 아줌마가 되었다.

그렇게 놀이터에 있다가 들어와 집 안 꼴을 보면 한숨이 절로 나왔다. 아이들이 접고 놀던 색종이는 여기저기 널브러져 있고 아무 데나 벗어 놓은 빨랫감이며 책이 바닥에 흩어져 있다. 부엌도 말이 아니다. 식탁 위에는 장난감과 연필, 바나나 껍질이 올라와 있고 밀린 설거지는 싱크대에 수북하다. 그러거나 말거나 아이들은 장난감 하나를 가지고 자기가 먼저 가지고 놀았다며 다투고 있다.

"둘 다 그만해! 원 없이 놀고 왔으면 집에서 사이좋게 놀 것이지, 뭐 하는 거야?!"

연년생으로 아이를 낳고 모든 일을 그만두게 되면서 어쩔 수 없이 드는 감정이 있었다. 이제 사회에서는 도태된 것 같은 불안감이었다. 그렇다고 살림을 잘하는 것도 아니었다. 아이를 잘 키우고 있는 건 더더욱 아닌 것 같았다. 아이에게 화를 낸 날은 더 그런 생각이 들었다. 내 불안을 아이에게 쏟아부었다는 죄책감이 들었다. 일도 안 하는데 아이라도 제대로 키워야 할 것 같은 자괴감마저 들었다. 난 무능한 엄마인 것 같았다.

그렇게 깊은 좌절의 늪에서 페스탈로치를 만났다. '교육의 성자'라고 불리는 페스탈로치는 엄마의 자격이 없다고 자책하던 내게 용기를 주었다. 능력이 뛰어나고 꼭 무언가를 잘하는 엄마만이 좋은 엄마가 아니라고 말이다.

페스탈로치는 아이에게 사랑을 주는 그 자체만으로도 엄마들은 모두 훌륭하다면서 심지어 엄마는 아이들에게 '하느님이 내리신 교사'라고까지 했다.

저는 감히 단언합니다. 어머니들은 자격을 지니고 있다고. 이

자격은 어린이들의 발달을 돕기 위한 중요한 몫을 담당하라고 하느님께서 주신 것입니다. 이제 어머니들이 해야 할 고유한 일이 무언인가를 생각해 봅시다. (…) 제가 모성에게 요구하는 것은 단 한 가지입니다. 그것은 배려 깊은 사랑입니다. 사랑, 이 것을 저는 다른 어떤 것보다도 중요한 제일의 조건이라고 여깁니다.*

⦂ 이것은 나를 위한 것일까, 아이를 위한 것일까

아이가 어릴 때 '해외직구'에 눈뜨면서 백화점에서 판매하는 비싼 브랜드를 저렴하게 구매할 수 있었다. 아이들을 재우고 혼자 인터넷 사이트를 뒤지는 일은 쇼핑에 목말랐던 내게 꿀맛 같은 시간이었다. 그렇게 인터넷 쇼핑을 하다 보면 한두 시간이 금세 갔다. 그러다 잠들면 다음 날 아침엔 일찍 일어나지 못하고 아이들 울음소리에 깨는 일이 다반사였다. 그런 날은 찌뿌둥하게 일어난 탓에 아이들이 조금만 보채도 짜증이 났다. 내 말투나 표정부터 달라졌다. 잠 좀 자게 내버려 두면 좋겠다는 만사 귀찮은 생각뿐이었다. 놀자고 아이들이 다가오면 인상이 저절로 구겨지며 "엄마

---

* 《페스탈로치가 어머니들에게 보내는 편지》, 페스탈로치 지음, 양서원, 1999

지금 피곤하니까 블록 갖고 혼자 놀고 있어!"라고 매몰차게 거절했다.

당시 나는 아이에게 명품까지는 아니어도 좋은 옷을 입히고 유기농을 먹이고 교육을 잘하는 게 엄마의 역할인 줄 알았다. 하지만 돌아보면 아이를 위한다고 했던 이 행동들은 아이를 위한 게 아니었다. 내 아이를 돋보이게 하고 싶은, 내 만족을 충족시키기 위한 행동이었다. 정작 페스탈로치가 육아에서 가장 중요한 요소라고 했던 '배려 깊은 사랑'은 빠져 있었다.

'배려 깊은 사랑'이란 뭘까? 배려의 사전적 정의는 '도와주거나 보살펴 주려고 마음을 쓰는 것'이다. 상대를 배려하려면 상대의 입장이 되어 생각해야 한다. 그래야 내 방식이 아닌 상대가 원하는 방식으로 도와주고 보살필 수 있다.

어른과 아이는 세상을 보는 눈높이도, 세상을 보는 방식도 다르다. 그렇기에 어른과 아이는 같은 것을 봐도 각자 다르게 보고 다르게 느낀다. '배려 깊은 사랑'이란 아이를 위해 내 키를 낮추고 내 아이의 눈높이에서 아이의 세상을 함께 바라보고 느끼는 게 아닐까.

저녁을 먹은 후 설거지를 하던 어느 날이었다. 당시 여섯 살이던 사랑이가 내 곁으로 오더니 대뜸 물었다.

"엄마는 왜 이렇게 안 웃어요?"

"어, 엄마가 안 웃었어?"

"네, 항상 좀 안 웃는 거 같아요. 엄마가 안 웃으니까 나도 힘이 안 나요."

생각지도 못한 딸아이의 말에 당황했고, 적잖이 충격을 받았다. 밖에서 가끔 동네 엄마들을 만났을 때는 표정 관리하며 웃는 모습을 보였던 내가, 정작 집에 와서는 아이에게 웃는 표정 한번 짓지 않았던 것이다. 물론 일부러 그런 건 아니다. 육아에 항상 지쳐 있다 보니 집에서는 나도 모르게 무표정한 얼굴을 하고 있었던 것 같다. 아이에게 굉장히 미안했다. '배려 깊은 사랑'은커녕 늘 피곤함에 절어 아이들에겐 무표정한 엄마. 그때부터는 의도적으로 아이들 앞에서의 내 모습이 어떤지 살폈다. 그리고 아이들에게 내가 어떤 모습으로 보이는지 매번 돌아보았다.

아이들이 부모에게 원하는 건 그리 거창한 게 아니다. 엄마의 따뜻한 관심, 아이들을 바라보며 환하게 웃어 주는 미소, 잘했다고 격려해 주는 칭찬 한마디, 틀려도 괜찮다고 위로해 주는 지지의 한마디면 충분하다. 그러나 우리는 바쁘고 힘들다는 이유로 정작 가장 중요한 걸 놓치고 있는 건 아닐까. 나의 어린 딸이 별것 아닌, 엄마의 따뜻한 웃음을 보고 싶어 했던 것처럼 말이다.

지금까지 난 아이들에게 필요한 걸 채워 주는 게 사랑이라고 생각했다. 내 방식대로 사랑하고서는 그걸 아이들을 위하는 거라고 착각했다. 하지만 아니었다. 사랑은 상대가 사랑받는다고 느껴야 진짜 사랑이다. 내가 아무리 아이를 물질적으로 풍족하게 해 주어도, 좋은 학원에 보내며 경쟁에서 이기도록 다 계획을 짜 놓아도, 아이들은 그걸 사랑이라고 느끼지 않는다. 나는 우리 아이들의 눈빛을 보며 진심으로 그 사실을 깨닫게 되었다.

아이들은 엄마와 함께 있을 때 가장 행복하다. 엄마와 함께 놀면 더 행복해한다. 엄마와 잠깐이라도 껴안고 살을 비비고 있을 때 사랑받는다고 느낀다. 별것 아닌 것 같지만 정말 그렇다. 그러한 정서적 지지가 아이들을 살린다.

페스탈로치가 어머니는 하늘이 내리신 교사라고 했듯이 이 땅의 모든 엄마는 그 어떤 훌륭한 교사도 대신 할 수 없는 역할을 하는 사람들이다. 엄마는 아이의 영혼에 생명을 불어넣을 수 있는 유일한 존재다.

● 동백꽃은 해바라기를 부러워하지 않는다

페스탈로치는 내게 육아의 본질, 엄마로서의 사명을 알려 준 동시에 아이들을 보는 관점도 변화시켜 주었다. 페스탈로치가 살던 당시 유럽에서는 어린이의 인권이 없었다. 심지어 노동 착취의 대상이었다. 그러나 페스탈로치는 빈부와 관계없이 모든 어린이를 '자신만의 세계를 가진 인격체'로 보았고 하나의 '씨앗'에 비유했다.

페스탈로치는 아이들은 자신 안에 모든 것을 담고 있는, 각기 다른 씨앗과 같다고 했다. 모든 우주적 정보를 담은 씨앗처럼 모든 아이는 각기 다른 개성과 자질, 재능을 가지고 태어난다는 것이다. 부모나 교육자가 해야 할 일은 이 씨앗이 잘 움트고 자라날 수 있게 '비옥한 토양이라는 사랑의 텃밭을 만드는 일'이라고 페스탈로치는 말했다.

해바라기는 뜨거운 태양 빛을 받아 피지만 동백나무는 하얗게 내리는 눈 속에서 붉은 자태를 뽐내며 홀로 핀다. 목련은 봄을 알리며 하얗고 큰 꽃망울을 뽐내지만, 벚꽃은 자세히 볼수록 사랑스럽다. 해바라기와 동백꽃, 목련과 벚꽃, 어느 꽃이 더 아름답다고 비교할 수 있을까? 해바라기는 해바라기대로 동백꽃은 동백꽃대로 아름답다. 우리는 동백꽃에게 왜 너는 해바라기처럼 여름에 꽃을 피우지 않고 한겨울에 피느냐고 질책하지 않는다. 벚꽃에게 왜 너는 목련처럼 크지 않느냐고 비난하지 않는다.

세상의 모든 것은 존재하는 그대로, 있는 그대로 아름답다. 우리 아이들도 그렇다. 무언가를 일찍 습득하는 아이가 있는가 하면, 그릇이 큰 대기만성형 아이도 있다. 씨앗들이 각자 발아하고 꽃을 피우는 시기가 다르듯 우리 아이들도 각자 꽃피우는 시기가 모두 다르다.

씨앗 안에는 온 우주적 정보가 담겨 있다. 때가 되면 씨앗은 스스로 싹을 틔우고 꽃을 피운다. 우리 아이들 역시 이러한 씨앗처럼 자신의 내면에 무엇이든 할 수 있는 천재적인 힘을 가지고 태어난다. 부모인 우리의 역할은 내 아이가 어떤 씨앗인지 잘 살피는 것이다. 그리고 스스로 싹을 틔울 때까지 기다려 주는 것이다. 그래야 한겨울에 피는 동백꽃에게 왜 여름에 피지 않느냐고 질책하는 실수를 저지르지 않을 수 있다. 더불어 부모라는 사랑의 토양을 비옥하게 잘 가꿔야 한다. 그래야만 내 아이라는 귀한 씨앗이 부모의 사랑 안에서 단단하게 뿌리 내려 싹을 틔울 수 있다.

학교가 창의력을 죽인다

2010년, 우리나라에서 열린 주요 20개국(G20) 정상회의 기자회견장. 버락 오바마 미국 대통령은 훌륭한 개최국 역할을 해 준 우리나라에 고맙다며 한국 기자들에게 질문권을 먼저 주었다. 일반적으로 기자회견장에서는 기자들의 질문 경쟁이 치열하므로 이를 생각한 배려였다. 그런데 오바마 대통령의 말이 끝나자마자 회견장을 가득 채운 건 질문이 아닌 무거운 침묵이었다. 아무도 손을 들거나 질문을 하지 않고 어색한 침묵이 이어지자 오바마 대통령은 이렇게 말을 이어갔다.

"한국어로 질문하면 아마도 통역이 필요할 겁니다. 통역이 필요할 거예요, 정말로요."

그제야 보이지 않던 팽팽한 긴장감이 다소 누그러진 듯이 청중 석에서 웃음소리가 들려왔다. 그때 기자 하나가 벌떡 일어나 마이 크를 잡더니 질문을 했다. 안타깝게도 마이크를 잡은 기자는 한 국인이 아니었다.

"죄송하지만 전 중국 기자입니다. 제가 아시아를 대표해서 질 문해도 될까요?"

"하지만 공정하게 말해서 전 한국 기자에게 질문을 요청했어 요. 그래서 제 생각에는…."

"…. 한국 기자들에게 제가 대신 질문해도 되는지 물어보면 어 떨까요?"

"그건 한국 기자가 질문하고 싶은지에 따라서 결정되겠어요. 없나요, 아무도요?"

또다시 무거운 침묵이 흘렀다. 어쩔 수 없이 오바마 대통령은 어색한 미소를 지으며 중국 기자에게 발언권을 넘겨줬다. 중국 기 자는 기회를 놓치지 않고 기다렸다는 듯 준비한 질문을 던졌다.

이 영상을 보고 적잖은 충격을 받았다. G20 정상회담을 취재 하는 언론인들은 우리나라 지성을 대표하는 그룹 중 하나다. 착 실하게 교육을 받아 대학에 입학하고, 대학에서도 열심히 공부해 언론고시에 합격한 인재들이다. 그런데 그들은 궁금한 게 없다. 특 별한 배려 속에 질문 우선권이 주어졌는데 아무도 그 기회를 잡 지 못했다. 왜, 도대체 왜 그런 걸까? 무엇이 이들의 입을 이토록

무겁게 만들었을까?

질문하지 않는 건 비단 이 일뿐만이 아니라 우리나라 전반에 걸친 문제다. 우리나라 학생들은 질문하지 않는다. 내가 학생일 때는 '그게 뭐 그리 심각한 문제인가'라고 생각했다. 그러나 아이들을 키우다 보니 아이들이 궁금한 게 없다는 건 심각한 문제라고 느껴졌다. 왜냐하면 아이들은 말을 하기 시작하면서부터 호기심으로 가만있지 못하기 때문이다.

부모라면 누구나 공감할 것이다. "이건 뭐야?", "이건 왜 그래?", "새는 왜 하늘을 날아?", "하늘은 왜 파래?" 등 아이들의 질문은 끝이 없다. 호기심을 해결하기 위해 태어났나 싶을 정도로 아이들은 질문 박사다. 그런데 이 아이들이 점점 궁금한 게 없어지고 질문이 없어진다는 건 성장 과정에 이를 가로막는 무언가가 있다는 뜻이다. 난 그걸 알아내기 위해 교육 관련 다큐멘터리와 책들을 뒤지기 시작했다. 그런데 아주 놀랍게도 그 중심에는 '학교 교육'이 있었다.

● 미래에 쓸모없는 지식을 배우는 우리나라 학생들

교육 혁명의 권위자 고(故) 켄 로빈슨은 '학교가 창의력을 죽인다'는 다소 자극적인 주제로 TED 무대에 섰다. 그런데 교육의 권위자가 이렇게 말하는 이유는 확실했다. 학교가 '천재적'으로 태어난 아이들을 '획일적'으로 만드는 교육을 하고 있다는 것이다.

산업혁명 이후 필요에 의해 만들어진 지금의 교육 시스템. 어느 곳을 가나 지식만 강조하고 중요하게 생각하는 교육으로 인해 "아이들의 타고난 천재성과 창의성이 모두 말살되어 가고 있다"고 켄 로빈슨 교수는 거침없이 말했다. 여전히 주입식 교육에 정답 찾기만 강조하는 우리 현실을 생각하면 고개가 끄덕여진다.

우리나라에서는 일제 강점기와 미 군정기를 거치는 동안, 이른바 식민 교육과 우민화 교육이 실시됐다. 일본과 미국 모두 근대 공교육의 효시라고 할 수 있는 '프로이센(프러시아) 교육 제도'의 영향을 받아 이를 자신들의 통치 수단으로 삼고 우리나라에 그 교육 제도를 이식했다. 그런데 프로이센 교육의 핵심은 '국가에 충성하는 국민을 만드는 것'이었다. 프로이센 교육을 받은 아이들은 학교에서 질문할 수 없고, 무조건 규칙을 따라야 했다. 이러한 전체주의 교육의 결과가 바로 히틀러의 등장이었다. 미국은 어떤가. 상류층을 위한 사립학교 교육과 중하류층, 이민자들을 위한 공립 교육으로 철저하게 나뉘는데 미국의 공립 교육 제도 역시 프로이센 교육에 기반하고 있다.

미국의 교육자 존 테일러 개토는 '근대 교육 시스템의 시초인 프러시아에서 90% 이상의 학생들을 교육한 국민학교(Volksschule) 교육의 목표는 복종이었다'고 단언했다. 그곳에서 학생들은 국가와 사회의 부속품처럼 길러졌고 '스스로 생각할 줄 아는 똑똑한 사람이 될 필요가 없었다'고 주장했다.*

전기차 시장의 선두 주자로 혜성처럼 등장한 테슬라의 창업자 일론 머스크. 그가 자녀들을 학교에서 자퇴시키고 '아스트라 노바(Astra Nova)'라는 학교를 세워 인공지능 시대에 필요한 새로운 교육을 하고 있다는 사실은 잘 알려져 있다. 아스트라 노바를 세운 이유는 '기존 교육에 대한 의문 때문'이라고 이 학교의 교장인 조슈아 댄은 말한다. 앞으로 변하는 시대에 필요한 인력을 기존의 학교에서는 키워 낼 수 없다는 것이다. 현재 전문적인 지식이나 기술은 대부분 인공지능, 즉 AI가 하게 될 텐데 기존 학교에서는 여전히 그러한 지식이나 기술을 가르친다고 일침을 가하고 있다.

● 성적으로 줄 세우는 게 교육의 목적은 아니다

대표적인 미래학자이자 《제3의 물결》, 《부의 미래》 등의 저서로 변화의 시대를 예고했던 앨빈 토플러 역시 2006년 우리나라를 방문했을 때 교육에 대해 뼈아픈 충고를 했다. "한국 학생들은 미래에 필요하지도 않은 지식과 존재하지도 않을 직업을 위해 하루 열

---

* 《나의 교육 고전 읽기》, 정은균 지음, 빨간소금, 2019

시간 이상을 허비하고 있다."* 실제로 우리는 검색엔진을 활용해 모든 지식을 단 몇 초 만에 알 수 있는 세상에 살고 있다. 그러나 우리 교육은 프로이센에서 시작된 그 교육 방식에서 어쩌면 한 발짝도 앞으로 나아가지 못하고 있는 건 아닐까.

우리나라 교육 현실은 아이들 한 명 한 명의 개성을 인정하고 존중하는 게 아니라 모든 학생을 학교 성적으로 판단하며 줄 세우기를 하는 모습이다. 수업 시간에는 아이들이 '다양한 질문'을 하는 것보다 '교사의 말을 잘 듣는 것'이 중요하고, 시험을 볼 때는 '자신의 주장을 피력하는 것'보다 '출제자의 의도를 잘 파악'하는 게 더 중요하다. 그렇게 초등학교부터 고등학교까지 공교육 12년을 착실히 받고 나면 신기하게도 그 질문 많던 '호기심 박사'들은 '꿀 먹은 벙어리'가 되어 사회에 나오게 된다. 자신의 주장을 갖기보다 상사가 시키는 대로 하는 게 편하고, 질문하는 것보다 눈치껏 정해진 규율을 따르는 게 편한, 타고난 천재성은 온데간데없는 '무기력'을 탑재한 인간이 되어 있다.

모든 학교가 그런 건 아니다. 1990년대에 대대적인 교육 개혁을 한 핀란드에서는 아이들이 아침에 눈을 뜨면 즐거워서 학교에 가고 싶어 한다.** 이스라엘 학교에서는 질문이 없으면 그건 학생

---

* "미래 사회, 사라지는 직업과 촉망받는 직업(6)", 〈스타데일리뉴스〉, 2013년 11월 14일 자
** 《핀란드 교육혁명》, 한국교육연구네트워크 총서기획팀 엮음, 살림터, 2010

이 아니라며 아이들이 자유롭게 자신의 의견을 표현하도록 독려한다. 그러나 우리나라 학교 분위기는 어떠한가. 교사가 일방적으로 강의하고 학생들은 노트에 받아 적는 방식이 여전히 유효하다. 질문하면 '튀는 애', '쉬는 시간을 잡아먹는 애' 취급을 받는다. 부모들의 인식도 확연히 다르다. 유대인 부모들은 "학교 가서 선생님께 질문 많이 하고 와"라고 하지만, 우리나라 부모들은 "학교 가서 선생님 말씀 잘 듣고 와"라고 한다.

어쩌면 우리는 인정하기 무섭지만 '질문 없고, 규칙 잘 따르고, 말 잘 듣는 국민'을 만들려던 프로이센의 교육 목표에 너무도 부합하는 사람들이 되어 있는지 모르겠다. 그리고 그런 교육을 받고 자란 우리가 부모가 되어 아이들 역시 그렇게 만들지 못해 안간힘을 쓰고 있는 건 아닐까. 우리나라 기자들이 2010년 G20 정상회의에서 어떤 질문도 하지 못했던 건 이런 이유 때문은 아닐까.

홍익대학교 건축도시대학 유현준 교수는 《어디서 살 것인가》에서 양계장에서는 독수리가 나오지 않는다고 했다. 닭장 같은 곳에 아이들을 12년 동안 묶어 놓고 졸업 후엔 '왜 독수리처럼 훨훨 날지 못하냐'라고 묻는 건 어른들의 완벽한 모순이라고 말이다. 그런데도 우리나라 부모들은 여전히 학교 공부 잘하고 내신을 잘 받아서 좋은 대학에 진학하는 것만이 내 아이를 위한 최고의 길이라 여기며 오늘도 아이들을 채찍질하고 있다.

아인슈타인은 "모든 아이는 천재로 태어난다. 문제는 그 천재성을 어른이 될 때까지 얼마나 유지할 수 있느냐이다"라고 말했다. 우리는 어른이 되면서 그 천재성을 모두 잃어 버린다. 어쩌면 교육의 핵심은 아이들의 타고난 천재성을 최대한 유지할 수 있도록 부모인 우리가 돕는 것, 그것이 아닐까 생각한다.

공부와 놀이는 다르지 않다

우리 집 두 아이는 영어유치원이 아닌 일반 사립유치원을 다녔다. 내가 선택한 아이들의 유치원은 '놀이' 중심의 교육이 이뤄지는 곳이었다. 아이들이 직접 놀이를 '선택'하고 '주도'하는 과정에서 배움이 일어난다는 것이 그 유치원의 교육 철학이었다.

"아이들은 어릴 때 흙 밟고 뛰어놀아야지."

"그럼요, 애들 노는 거 보기만 해도 행복하네."

그럼에도 불구하고 엄마들의 마음 한구석에서 불안함이 피어오르는 건 어쩔 수 없는 것 같았다. 유치원이 끝나기가 무섭게 아이들 대부분은 영어나 수학 학원에 갔고, 학습지를 하는 친구들도 많았다. 주변에서 워낙 어릴 때부터 뭔가를 많이 시키니 혹시 내 아이가 뒤처지는 건 아닌지 염려하는 목소리도 들을 수 있었다.

엄마는 아이의 행복을 바란다. 어릴 때는 충분히 놀면서 행복을 만끽하게 해 주고 싶다. 학업에서 오는 스트레스를 받지 않기를 바라는 것이다. 동시에 아이가 공부도 잘하기를 바란다. 그러다 보니 어릴 때는 노는 게 최고라고 외쳤던 부모들도 자녀가 학교에 입학하고 학년이 올라가면 갈수록 어쩔 수 없이 마음이 흔들린다. 도리어 '내 애만 너무 놀게 했나'라는 생각에 뒤늦게 이 학원 저 학원을 보내기도 한다.

나 역시 우리나라에서 전쟁과도 같은 입시를 치르고 부모가 된 세대로서 두 가지 마음이 공존했던 게 사실이다. 아이가 친구들과 어울려 노는 모습을 보면 뿌듯하고 흡족하면서도 불안한 마음이 들었다. '언제까지 이렇게 계속 놀기만 하나'라는 생각에 책이라도 쥐여 주고 앉혀서 문제집이라도 풀게 해야 할 것 같았다. 그러던 중 카를 비테를 만났다. 그리고 그에게서 나의 고민에 대한 해답을 찾을 수 있었다.

카를 비테는 19세기 독일의 유명한 천재였던 카를 비테 주니어의 아버지이자 목사였다. 그는 미숙아로 태어난 아들을 자신의 교육 이념과 방법으로 당대 최고의 학자로 키워 냈고, 페스탈로치의 권유로 《카를 비테의 교육(The Education of Karl Witte)》이라는 책을 썼다. 이 책은 지난 200여 년 동안 영재교육의 효시로 불리며 지금까지도 많은 이에게 영감을 주고 있다.

● 생후 3년, 모국어 습득의 황금기

카를 비테는 지금으로 말하자면 아들에게 '조기교육'을 시킨 최초의 아버지였다. 당시만 해도 사람들은 아이가 7~8세나 되어야 교육이 가능하다고 생각했다. 그러나 카를 비테는 달랐다. 태어난 직후부터 영유아기까지가 교육에 가장 중요한 시기라고 생각했다. 그래서 영유아기를 자녀 교육을 위한 최고의 시기라고 생각하고 아들의 교육을 위해 최선을 다했다.

카를 비테가 이 시기 가장 중요하게 생각한 건 언어 교육이다. 아들이 태어나자마자 정확한 발음과 듣기 편한 목소리로 말을 건넸다. 아이가 부모의 손가락을 잡으면 편안한 목소리로 "손가락, 손가락" 하며 반복해서 말했고, 주변 사물의 정확한 명칭도 알려주었다. 다양한 형용사를 사용해 사물을 묘사해 주었는데 '이것', '저것' 같은 대명사 대신 사물 고유의 명칭을 알려 주려 노력했다.

생후 3년까지는 아이의 언어가 '폭풍 성장' 하는 시기다.* 그러므로 아이가 어떤 언어 환경에 노출되고 어떤 언어 자극을 받느냐에 따라 언어 발달 정도가 차이 날 수밖에 없다. 한때 말을 업으로 삼았던 나는 아이에게 좋은 언어 습관을 물려주고 싶었다. 직업적 사명감도 있었지만, 그보다도 언어 습득의 황금기인 영유아

---

* 《언어발달의 수수께끼》, EBS '언어발달의 수수께끼' 제작팀 지음, 지식너머, 2014

기에 아이에게 좋은 언어 교육을 해 주고 싶다는 생각이 더 컸다.

난 수다쟁이 엄마가 되어 갔다. 한때는 전국에 증권 뉴스를 전했지만 한 아이의 엄마가 된 후로는 아이들을 위한 중계방송을 했다. 아이를 태운 유모차를 밀면서, 아이의 손을 잡고 걸으면서 아이만을 위한 방송을 했다.

그 와중에 표준어와 표준 발음을 신경 써서 말하고, 되도록 유아어를 쓰지 않았다. 돌 전의 아주 어릴 때를 제외하고는 "맘마먹자", "우리 아기 그래쩌요?", "때찌!" 등 아기 발음을 따라 하는 언어는 쓰지 않았다. 카를 비테 역시 '멍멍이', '맘마' 등의 유아어나 사투리를 경계했다. 아이가 정확한 단어를 충분히 배울 수 있는데도 부모가 가르쳐 주지 않으면 아이는 귀중한 시간과 에너지를 낭비할 뿐 아니라 잠재력을 발휘할 기회를 잃고 만다고 생각한 것이다.

● 배움을 즐기는 아이로 크게 하려면

카를 비테가 언어 교육 못지않게 중요하게 생각한 건 자녀가 배움을 즐겁게 여길 수 있도록 노력한 점이다. 카를 비테는 공부와 놀이는 다르지 않다고 생각했다. 그래서 아이가 공부를 놀이처럼 즐겁게 여길 방법을 늘 고민했다. "아버지와 함께 책을 읽고 놀이를 했을 뿐인데 어느 순간 수많은 양의 책을 읽고 지식을 얻게 되었다"고 카를 비테 주니어는 회고했다. 카를 비테는 어린 아들에게 책 읽는 기쁨을 알게 해 주었고, 아들이 읽은 책의 내용에 대해 늘 이야기를 나눴다. 어릴 때 이미 독서가 취미가 되었기에 자연스럽게 공부하는 습관이 몸에 배게 된 것이다.

카를 비테는 아들에게 공부의 즐거움을 알게 해 주었지만 단한 번도 공부를 강요하지 않았다. 그는 아들에게 공부도 중요하지만, 그보다 더 중요한 것도 있다는 믿음을 어릴 때부터 심어 주었다. 지식보다 그 사람 고유의 타고난 재능과 지혜가 더 중요하다고도 가르쳤다. 공부하라는 부모의 어떤 압박도 없었지만 카를 비테의 아들은 외국어를 자유롭게 구사하고 공부를 즐기며 배움을 스스로 찾아 나서는 아이로 자랐다. 이 대목에서 나는 카를 비테가 자녀 교육에 성공할 수밖에 없었던 가장 중요한 원리를 발견했다. '즐거움'과 '자발성', '자유'라는 가치다.

우리는 모두 경험으로 알고 있다. 좋아하는 일은 밤을 새워서라도 하고 누가 말려도 몰래 한다는 것을 말이다. 우리 역시 좋아하는 드라마를 만나면 새벽까지 역주행하고 인터넷 쇼핑을 하다 보면 시간 가는 줄 모른다. 온종일 게임만 하는 아이들도 재미있어서 하는 것이다. 여기에 답이 있다. 아이들이 공부를 이렇게 재미있게 느끼게 하면 되는 것이다. 아이들에게 공부를 놀이로 만들어 주면 된다. 아이들이 어릴 때 장난감이나 게임보다 책을 더 먼저 접하게 하고 재미있게 느끼게 한다면 공부의 반은 성공한 것이다.

시대가 빠르게 변하고 있지만, 책의 가치는 여전히 유효하다. 영유아기 때 아이가 책을 읽는 것이 즐겁다고 느낄 수 있는 환경에서 자랐다면 학교에 입학해서도 쉽게 적응하고 배움을 즐겁게 느낄 가능성이 크다. 학교 현장에서는 우리 때와 마찬가지로 여전히 교과서로 공부하며 책을 중요하게 생각하기 때문이다.

아는 것은 좋아하는 것만 못하고 좋아하는 것은 즐기는 것만 못하다(知之者不如好之者, 好之者不如樂之者).

《논어》〈옹야〉 편에 나오는 구절이다. 영유아기에는 '놀이'가 가장 중요하다. 놀이는 재밌고 즐겁다는 특징이 있다. 책 읽기를 놀이처럼 여기게 된다면 아이들은 누가 시키지 않아도 책을 읽게 된다. 공부의 토대가 되는 책 읽기가 아이들의 삶에 좋은 습관으로 자리 잡게 된다면 "책 읽어라", "공부 좀 해라"라는 부모의 잔소리 없이도 아이들은 '자발적'으로 무엇이든 배우고 싶어 하게 된다. 이러한 영유아기 아이들의 자발적이고 즐거운 독서는 훗날 '자기주도학습'의 밑바탕이 된다.

이러한 독서 환경을 만들려면 꼭 필요한 전제조건이 있다. 바로 충분한 시간이다. 부모가 빈틈없이 짜 놓은 학원 스케줄을 소화하고 집에 오면 아이들은 지쳐서 쉬고 싶게 마련이다. 학원 숙제도 산더미인 마당에 책을 읽고 싶은 아이들은 많지 않을 것이다.

나는 우리 아이들이 책 읽는 것을 학원에서 내준 숙제처럼 여기거나 부모가 시켜서 억지로 읽어야 하는 활동으로 여기지 않길 바랐다. 책은 그저 즐겁게 읽을 수 있고 문득 생각하면 기분 좋은 친구 같은 존재로 아이들 곁에 함께하길 바랐다. 그러려면 아이들의 마음에 여유가 있어야 했다. 늘 무언가 해야 하고 스케줄에 쫓기듯 시간을 보내게 되면 즐겁고 편안한 마음으로 책을 읽을 수 없다. 그래서 아이들의 즐거운 배움과 자발성을 위해 내가 아이들에게 선물로 주었던 건 다름 아닌 '자유로운 시간'이었다.

우리 아이들은 영유아기에 자유로운 시간 속에서 다양한 책을 자발적으로 읽으며 배우는 것을 즐겁게 여기는 아이들로 성장했다. 축복이는 열 살까지 태권도 외에는 사교육을 받지 않았지만, 독서를 통해 다방면의 배경지식을 쌓은 덕분에 학교생활을 하는 데 큰 도움이 되었다. 영어 또한 두 아이 모두 사교육을 받지 않고도 듣고 읽고 말하는 데 자신감 있는 아이들로 성장했다.

영유아기에는 많이 놀아야 한다고 생각하면서도 한편으로 불안한 부모들이 많을 것이다. 그러나 걱정할 것 없다. 카를 비테가 보여 주었듯이 영유아기를 '신나게 놀면서 공부하는 시기'로 만들어 주면 된다. 아이의 영유아기에 공부의 토대를 닦아 놓으면 그 이후부터는 수월하게 굴러간다. 눈덩이를 처음 만들 땐 어렵지만 어느 정도 커지면 그 후부터는 쉽게 굴릴 수 있듯이 말이다.

3장

자기주도학습,
책 육아에서 시작된다

첫 장난감은 책이어야 한다

"엄마, 책! 책!"

12개월 전후로 기고 걷기 시작하면서 축복이는 내게 책을 읽어 달라고 가져왔다. 말도 서툰 아기가 자기 얼굴보다 더 큰 책을 들고 와서는 읽어 달라는 모습이 귀여웠다. 나는 소싯적 마이크 좀 잡던 아나운서 톤으로 축복이에게 그림책을 읽어 주었다. 생동감 넘치게 읽어 주는 엄마의 목소리에 푹 빠진 아이는 좀처럼 엄마 무릎에서 떠날 생각을 하지 않고 "또, 또 읽어 줘!"를 외쳐 댔다.

이모가 출판업계에서 일했던 덕에 축복이는 12개월 전후로 자신의 책이 생겼다. 이모는 앤서니 브라운, 버나넷 로제티 슈스탁, 존 버닝햄 등 서정적 감성이 담긴 그림책을 첫 조카에게 많이 선물했다. 지금도 그렇지만 당시에도 '국민 육아템'이라는 놀이 용품이 많았다. 국민 육아템이라면 마치 육아할 때 그 용품을 안 사면 안 될 것 같은 느낌이다. 그러나 그땐 지금보다 한참 젊었는지 아이와 몸으로 논다고 쏘서나 점퍼루 같은 용품을 거의 들이지 않았다. 아이 키우는 집에 매트만 하나 덜렁 놓여 있는 걸 보고 친구들이 전통 방식 육아라고 놀릴 정도였다.

당시에는 무슨 특별한 철학이 있어서라기보다 한 살이라도 젊고, 아이도 하나여서 그랬는지 몸으로 놀며 지내도 버틸 만했다. 놀이 육아용품의 가격이 만만치 않은 것도 한몫했다. 장난감이나 그 흔한 오뚝이 하나 사지 않았으니 집 안은 말 그대로 휑했다. 그러다 보니 아이는 알록달록 색깔이 칠해져 있고 신기한 그림이 그려진 책에 관심을 보이기 시작했다. 심심한 환경 덕에 아이에게는 이모가 사 준 책이 운 좋게도 '첫 장난감'이 되었던 셈이다.

축복이는 첫 장난감을 물고 뜯고 펼치고 넘겨 가며 보았다. 자신만의 장난감을 탐색하는 모습이었다. 한참 동안의 탐색이 끝날 즈음, 내가 슬며시 다가가 "책 읽어 줄까?"라고 말을 건네면 아이는 자신의 장난감이 '책'이라는 이름의 물건이라는 걸 짐작하게 되는 것 같았다. 맨 앞의 단단한 표지를 열면 재미있는 그림이 나온다는 것, 엄마가 읽어 주는 행동을 통해 이 안에는 신나는 이야기가 숨어 있다는 걸 서서히 경험으로 알게 되었다.

아이에게 책은 또 다른 세상을 만나는 통로였다. 고양이와 고

릴라의 우정 이야기, 침팬지의 탐험 이야기, 악기를 연주하고 음식을 만드는 강아지 이야기에 아이는 푹 빠져들었다. 책을 읽어 줄 때만큼은 숨소리도 들리지 않을 만큼 그림과 엄마 목소리에 집중했다. 처음에는 돌쟁이 아기가 집중을 해봐야 얼마나 하겠느냐고 생각했다. 그러나 한두 살 아기라도 자신이 재미있어하는 걸 만나면 엄청난 집중력을 발휘했다.

집중력을 보이는 건 좋은데 문제는 계속 읽어 달라는 것이었다. 여간 힘든 게 아니었다. 책을 읽어 주는 건 그리 어렵지 않았지만 30분, 아니 한 시간이 넘어가니 나도 지쳐 갔다. 게다가 책은 많은데 같은 책을 읽어 달라고 종주먹을 대니 나의 인내심도 슬슬 바닥을 드러냈다. 심지어 아이에게 반복해서 책을 읽어 주는 게 맞는지도 의문이었다.

'독서의 중요성이야 누구나 알지만 한두 살 아기에게도 책을 읽어 주는 게 큰 도움이 될까? 같은 책만 계속 읽어 달라는데 괜찮은 건가.'

● 초보 엄마가 처음 접한 육아 신조어, 책 육아

초보 엄마였던 나는 아이가 책에 보이는 관심이 신기하면서도 어떻게 이끌어 줘야 할지 알지 못했다. 알아볼 여유조차 없었다.

당시에는 대학원 공부에 스피치 강의까지 하고 있어서 시간적 여유가 없었다. 그러나 아이는 점점 책을 더 읽고 싶어 했고, 세 살쯤엔 반복해서 읽어 준 책의 문장들을 줄줄 외워서 나를 놀라게 하기도 했다. 그사이 사랑이가 태어나면서 나의 모든 경력은 중단되었다. 대신 각종 육아서와 교육서를 읽으며 아이를 이해하기 위한 공부를 시작했는데 그중 '아이의 독서'에 관한 것을 가장 관심 있게 들여다보았다.

서점에는 아이들의 독서에 관한 책이 많았다. 특히 '책 육아'라는 단어가 눈에 들어왔다. 궁금증이 발동한 나는 아이들의 독서 혹은 책 육아와 관련된 거의 모든 책을 구매하거나 빌려서 읽기 시작했다. '책 육아'는 아이들을 키우는 엄마들 사이에서는 이제 모르는 사람이 없을 정도로 육아 신조어가 된 단어였다. 한마디로 아이가 책을 좋아하고 많이 읽을 수 있도록 환경을 만들어 주는 것이었다. 부모가 아이에게 책을 많이 읽어 주는 건 당연하다. 그런데 굳이 '육아' 앞에 '책'이라는 단어를 왜 붙였는지 궁금했다.

외국에서는 '베드 타임 스토리(Bed Time Story)'라고 해서 부모가 아이들에게 잠자리 독서를 해 주는 걸 매우 중요하게 생각한다. 부모가 아이를 무릎에 앉히고 그림책을 읽어 주거나 식탁에서 책으로 대화를 나누고 자기 전에 동화책을 읽어 주는 게 습관처럼 되어 있다. 그러다 보니 유럽이나 미국에서는 부모가 자녀에게 그림책을 읽어 주는 게 생활의 일부다. 대를 이어 자연스럽게 전해져 온 일종의 '문화'인 것이다.

그러나 우리는 그런 문화가 생긴 지 얼마 되지 않았다. 그림책의 역사가 짧고, 어린이 전집 등이 본격적으로 출판된 시기가 20여 년밖에 되지 않은 것을 감안하면 고개가 끄덕여진다. 그러다 보니 우리 부모 세대는 아이에게 그림책을 읽어 주는 일이 그다지 자연스럽지 않다. 외국의 '베드 타임 스토리'처럼 우리가 어릴 때 경험했기에 내 자녀에게도 자연스럽게 해 줄 수 있는 그 무엇이 아니다. 부모인 우리도 경험해 보지 못했기에 아이에게 책을 읽어 주는 건 '의식적'으로 '마음먹고' 해야 하는 일종의 '과제'다. 그런 이유로 '책 육아'라는 단어까지 나오게 된 게 아닐까 싶다.

● 내 아이들에게 남겨 주고 싶은 문화유산

이렇게 우리에게는 아이들이 책을 가까이 접하도록 키우는 게 노력해야 하는 무엇이지만, 세계적인 명문가들은 책 육아가 일종의 '당연한' 것이었다.

노벨문학상을 받은 헤르만 헤세는 외할아버지 서재에서 많은 영감을 받은 것으로 알려져 있다. 20년 넘게 인도에서 선교 활동을 했던 외할아버지 서재에는 동양 사상, 문학, 고전들이 넘쳐 났고 이는 훗날 《싯다르타》, 《유리알 유희》 등이 탄생하는 밑거름이 되었다.《자유론》으로 유명한 영국의 사상가 존 스튜어트 밀은 아버지 서재에서 함께 책을 읽고 공부했던 것으로 알려져 있고, 미국의 제32대 대통령 프랭클린 루스벨트 역시 어린 시절 할아버지와 아버지 서재에서 책에 파묻혀 지냈다고 한다.*

멀리 외국의 사례가 아니더라도 우리나라에서도 비슷한 사례를 찾을 수 있다. 조선 최고의 학자 율곡 이이를 키운 신사임당이 그 예다. 여성이 책을 읽고 공부하기 어려웠던 조선 시대에 사임당은 든든한 지지자가 되어 준 아버지 덕에 사서오경에 통달할 수 있었고, 외할머니 덕에 그림을 그리며 조선 제일의 화가 중 한 명이 될 수 있었다. 그녀의 이러한 재능은 훗날 자녀 교육에서도 빛을 발했다. 사임당은 새벽에 일어나 책을 읽다가 좋은 구절을 만나면 옮겨 적어 아이들이 일어나기 전 집 안 곳곳에 붙여 놓았고, 그 구절에 관해 아이들과 이야기를 나눴다. 경전을 공부해 남편과 토론도 했다. 이렇게 책을 읽고 학문을 닦는 어머니의 모습은 그 자체로 자녀들에게는 최고의 교육이었다.

나도 아이들에게 정신적 문화유산을 남겨 주고 싶었다. 거창하게 세계적인 가문까지 거론하지 않더라도 책은 아이들의 정신과 마음에 어떤 방식으로든 자양분이 될 게 분명했다. 나는 아이들이 책을 통해 넓은 세상을 만나길, 우리 눈앞에 보이는 작은 세상

---

* 《세계 명문가의 독서교육》, 최효찬 지음, 바다출판사, 2015

이 아닌 넓은 시야를 갖길, 몇백 년 전 철학자 혹은 몇천 년 전 성인들의 기록을 보며 지혜를 얻길 바랐다. 위인들이 부모와 나눈 대화가 자신에게 큰 영향을 주었다고 말하는 것처럼 우리 집에도 그런 문화를 만들어 보고 싶었다. 그런 바람으로 우리 집에서도 책 육아가 시작되었다.

우리 집은 작은 도서관

새와 대화를 하려면 새의 언어를 알아야 하고 동물을 이해하려면 그들의 언어를 알아야 한다. 그와 마찬가지로 아이를 알려면 아이의 말과 행동에 담긴 의미를 알아야 한다. 이전에는 아이가 책을 가져와 반복해서 읽어 달라고 하면 '왜 이렇게 같은 책만 보려고 하는 거지'라며 답답한 마음이 들었다. 그러나 그건 엄마의 무지에서 비롯된 것이다. 아이가 무엇을 원하는지 모른 채 엄마의 관점에서만 생각해서 답답했던 거였다.

각종 육아서를 읽으며 다섯 살 이전의 아이들은 같은 책을 반복해서 읽는 걸 좋아한다는 사실을 알게 됐다. 어른도 좋아하는 책이나 영화는 한 번 보고 나서 두 번 세 번 다시 보지 않는가. 아이들도 마찬가지다. 다만 아이들은 책을 '덮자마자' 다시 보고 싶고, 다시 봐도 '바로' 또 보고 싶은 차이가 있을 뿐이었다. 한 권의 책을 열 번 반복해서 읽으나, 열 권의 책을 한 번씩 읽으나 그게 무슨 상관이랴. 그때부터는 내 아이의 흐름에 모든 걸 맞추었다.

● 책은 내 아이의 가장 친한 친구

이모가 선물해 준 책들은 내 아이의 '첫 장난감'이었기에 책 입장에서는 안타깝지만 '험한 꼴'을 많이 당했다. 얇은 책들을 한 장한 장 넘기며 소근육 운동을 하더니 나중에는 책장을 북북 찢으며 놀았다. 심지어 찢은 종이를 또 잘게 찢었다. 책을 보는 건지 장난을 치는 건지 알 수 없었다. 아이가 책을 찢는 모습에 순간 움찔하며 화를 낼 뻔했지만 침착하게 책은 찢지 않는 거라고 일러주었다. 그리고 우리는 잘게 찢은 종이들로 퍼즐 맞추기를 하며 책을 가까스로 원래대로 되돌려 놓았다. 축복이가 책을 퍼즐로까지 만들며 마르고 닳도록 보았던 앤서니 브라운의 《우리는 친구》는 아직도 책꽂이에 자리하고 있다.

영아기 아이들은 책을 만나면 자기 손안에 들어온 그 '물건'을 탐색하는 '탐색기'를 시작한다. 그때는 책을 물고 빨기도 하고, 찢고 던지기도 한다. 우리 부모 세대나 윗세대는 책을 소중히 다뤄야 한다고 배워서 아이가 책을 찢거나 구기는 모습을 보면 본능적으로 저지한다. 겉으로는 참고 있어도 속으로는 화가 난다.

그럴 때는 아이를 혼내는 대신 자유롭게 탐색하도록 허용해 주자. 다만 책을 계속 찢으면 문제가 되므로 아이의 발달 단계에 맞게 찢어지지 않고 만지면 보드라운 '촉감책'이나 물속에서도 놀 수 있는 '방수책' 등을 구매해서 아이의 욕구를 충족해 주자. 그러면 아이와의 불필요한 마찰을 줄일 수 있다. 나 역시 헝겊책을 깨끗이 빨아서 아이에게 주면 아이는 그것을 물고 빨며 놀았고, 욕조 안에서는 방수책을 가지고 놀며 책과 친해졌다.

우리 아이들은 어릴 때 책을 험하게 보았기에 도서관에서 책을 대출하기보다는 직접 구매했다. 전집은 가격이 만만치 않아서 중고 책을 구매할 때가 잦았다. 요즘은 잘만 고르면 새 책 수준의 중고 전집을 구하는 건 어렵지 않다.

네다섯 살 이하의 아이들이 어른처럼 얌전히 앉아 책장을 조심히 넘기며 보길 원하는 건 어른의 욕심이다. 이 시기의 아이들에게는 한 페이지 한 페이지를 넘기는 것도 소근육 운동의 일환이고 쉬운 일이 아니다. 아이들은 책을 가지고 놀면서 찢기도 하고 낙서도 한다. 힘 조절을 잘 못 해서 책장이 찢어지기도 하고, 예기치 않게 구겨지기도 한다. 그런데 몇십만 원씩 주고 산 새 책들이 찢어지고 구겨진다면 엄마 맘속은 부글부글 끓을 것이다. 차라리 아이들에게 중고 책을 사 주면 책이 찢어지든 구겨지든 낙서를 하든 엄마 마음이 편하다. 그렇게 난 전집과 단행본들을 꾸준히 사모으면서 아이들에게 책을 열심히 읽어 주었다. 그러다 보니 어느새 아이들의 책장은 하나둘 늘어났다.

⁝ 아이와 엄마가 책과 함께 성장한 시간

아이들이 낮 동안 놀이터에서 실컷 뛰어놀고 나면, 저녁부터는 차분해지면서 책을 읽어 달라고 했다. 저녁을 먹은 후, 두 아이는 엄마의 품 안에서 다양한 세상을 만났다.

"또! 또!"를 외쳐 대는 네 살, 두 살 아이들 덕에 나는 올빼미족이 되었다. 어린이집을 그만두니 다음 날 일찍 등원할 필요가 없어서 밤이 깊어도 마음이 조급해지지 않았다. 밤 9시만 되면 취침 시간이라며 한 시간 넘게 어서 자라고 외치며 아이를 윽박질렀던 나. 어둠 속에서 눈을 반짝이며 "엄마, 나 안 졸려…. 놀고 싶어"라는 아이에게 왜 안 자냐며 얼마나 혼을 냈던가. 잠이 없던 축복이를 억지로 재우는 것보다 좋아하는 책을 원 없이 읽어 주는 게 도리어 편했다. 그러다 보면 돌이 갓 지난 작은아이는 내 품에서 목을 떨군 채 잠들어 있었다.

그렇게 두 아이는 넉넉한 시간 속에서 책과 친해졌다. 책을 보는 건 아이들에게 놀이 시간의 연장이었다. 아이들은 책을 다 꺼

내 바닥에 늘어놓고 징검다리를 건너자며 밟고 놀았고, "책 배달 왔어요"라며 집배원 놀이를 하기도 했다. 그러다가 마음에 드는 책을 발견하면 그 자리에 앉아 조용히 책을 봤다. 나에게 책은 공부하기 위해 의무적으로 읽어야 했던 그 무엇이었는데, 우리 아이들에게는 좋은 친구였다. 부러웠다.

그때부터 나도 내 책을 모았다. 육아서로 시작한 '육아 공부'는 교육·심리·종교·과학 등 다양한 분야로 이어졌다. 난생처음 자발적 책 읽기가 시작된 것이다. 학창 시절에는 학교 공부를 위해 혹은 언론고시 준비를 위해 책을 읽었다. 입시를 위한 책 읽기, 취업을 위한 책 읽기를 하다 보니 독서가 주는 순수한 즐거움은 누려보지 못했다. 그러나 내가 관심 있는 분야의 책을 읽다 보니 나도 모르게 몰입이 되었고, 관심 분야는 점점 확장되었다. 그렇게 우리 집은 '작은 도서관'이 되었다. 엄마는 엄마 책을, 아이들은 아이들 책을 읽었다. 같은 공간에서 우리는 각자 다른 세상을 만나고 있었다.

● 우리만의 시간표 속에서 그림책과 함께 놀다

그때 나와 아이들은 그림책의 거장들도 만났다. 프랑스의 천재 작가 토미 웅게러의 《세 강도》를 보며 고정 관념을 깰 수 있었고,

《달 사람》을 보면서는 작가의 기발한 상상력에 놀랄 수밖에 없었다.《곰 인형 오토》를 볼 때는 2차 세계대전과 홀로코스트의 비극을 아이들의 눈높이에 맞게 어쩌면 이렇게 섬세하게 표현할 수 있을까 감탄을 금치 못했다. 선과 악, 전쟁, 인간의 허영심 등 다소 무거운 주제를 유머와 위트로 풀어낸 토미 웅게러의 책들을 보며 그림책은 아이들이 보는 책 그 이상의 가치가 있다는 생각이 들었다.

윌리엄 스타이그의《당나귀 실베스터와 요술 조약돌》과《멋진 뼈다귀》등을 보며 두 아이는 마술 같은 이야기에서 눈을 떼지 못했다. 또한 우리는 각자 책 속의 주인공들을 한 명씩 골라 모형을 만든 다음 역할극을 하기도 했다.

아이들은 그림책 속의 세상을 눈으로만이 아니라 온몸으로 경험하고 싶어 했다. 오나리 유코의《비 오니까 참 좋다》를 읽고 나서는 비 오는 날 소나기를 온몸으로 맞으며 놀기도 했고, 페파 피그가 진흙탕에서 뛰어논 것처럼 빗물 고인 웅덩이에서 첨벙첨벙 뛰기도 했다. 안녕달의《수박 수영장》을 보고는 수박을 반으로 잘라 숟가락으로 퍼먹으며 그때마다 생기는 수박 물을 보고 '수박 수영장'이라며 즐거운 상상을 했다. 어느 날은 두 녀석이 풍선을 불다가 이런 대화를 나눴다.

"사랑아, 이 풍선은 이제부터 구름빵이야. 알겠지?"

"응, 알았어."

"이제 이걸 아빠한테 보낼 거야. 구름빵이 아빠 회사까지 잘 도착하게 해 주세요."

두 아이는 백희나의 《구름빵》 속 한 장면을 연출하고 있었다. 어느 날은 택배 상자에 있던 드라이아이스에 물을 붓고는 피어오르는 연기로 구름빵을 만들겠다고도 했다. 구름처럼 피어오르는 그 연기를 보고 그림책을 떠올리다니 아이들의 상상력은 무궁무진했다.

그렇게 우리는 책과 친해졌다. 책으로 놀 수 있다는 게 신기했다. 아이들에게 그림책을 읽어 주며 아이들의 요구를 따라가다 보니 어느새 우리는 책과 놀고 있었다. 그런데 이는 그 누군가가 정해 놓은 시간표를 따라간 게 아닌, '우리만의 시간표'가 있었기에 가능한 일이었다. 그 어떤 것에도 얽매이지 않은 시간 속에서 아이들은 그림책을 만나며 자신들의 세계를 만들어 갔다.

무엇보다 아이들을 위해 읽었던 그림책은 내 마음을 위로해 주었다. 아이들과 함께 책을 읽던 그 시간은 엄마인 내 마음의 크기를 키우고 지혜를 가꾸는 시간이었다.

책과 함께한 우리들의 추억

"축복아, 이 책 한번 봐 봐. 네가 좋아할 것 같아서 엄마가 샀어."

"…."

아이들이 어릴 때는 취향이라는 게 아직 생기기 전이다. 그러니 엄마가 골라 준 책들을 그저 재미있게 읽었다. 그러나 축복이가 여섯 살이 넘어가면서부터는 자기가 좋아하는 책이 아니면 관심 있게 보지 않았다. 전에는 전집을 구매하면 거의 다 재미있어하며 읽어 달라고 했는데 어느 순간부터 내가 고른 책에 눈길을 주지 않기도 했다. 그때부터 아이에게 선택권을 줘야겠다고 생각했다. 그래서 사랑이도 컸으니 셋이 함께 서점으로, 도서관으로

나들이를 다녔다.

차를 타고 조금만 가면 대형서점이 있었다. 어린아이 둘을 데리고 갈 곳도 마땅치 않아서 우리는 서점에 자주 들렀다. 대형서점답게 책의 종류가 어마어마했다. 아이들이 자신들의 입맛에 맞게 원하는 책을 고를 최상의 조건이었다. 덕분에 나도 내 책을 고를 수 있었다.

그런데 그곳에서 생각지도 못한 복병을 만났다. 어린이 도서 코너 가까이에 붙어 있는 방대한 장난감 코너였다. 아이들은 책보다 장난감 코너에 슬슬 관심을 기울이며 기웃거리기 시작했다. 그간 장난감이 거의 없이 지냈던 게 무색할 정도였다. 그도 그럴 것이 내가 봐도 이런 장난감까지 있나 싶을 정도로 다양하고 많은 장난감이 친절하게도 '연령대별'로 있었다.

처음에는 아이들에게 '잠시만' 구경하자고 했다. 견물생심이라고 신기한 장난감들을 직접 보게 되니 아이들은 하나둘씩 갖고 싶어 했다. 축복이는 여섯 살이 되면서 유치원에 다닐 때였는데 유치원 친구들이 얘기한 변신 로봇이 이곳에 집합해 있으니 아예 자리를 잡고 앉아 로봇들을 '공부하듯' 관찰했다.

재활용품만 가지고 놀던 사랑이 역시 신세계를 만난 모습이었다. 캐릭터 상품은 사 주지 않는 엄마와 성별이 다른 오빠가 있다 보니 생후 3년간 '핑크색'과 '인형'은 구경도 못 해 본 딸아이였다. 사랑이는 인형들 앞을 서성이며 갖고 싶다고 애교 작전을 펼쳤다.

이건 내가 생각한 시나리오가 아니었다.

그러나 내 마음은 점차 약해졌다. 소신도 소신이지만 아이들이 친구들과 어울리려면 장난감 한두 개쯤은 있어야 하지 않을까. 그렇게 우리는 서점에서 책 대신 장난감을 사 오게 되었다. 그런데 이런 일이 한두 번으로 그치면 좋은데 잘 안되었다. 너무 많은 장난감과 인형, 보드게임 등이 전시되어 있어서 하나만 고르는 게 아이들에게는 어려운 문제였다. 어른도 백화점에 가면 뭐든 다 사고 싶기 마련이다. 내가 사려고 계획했던 것과 다른 것을 사기도 한다. 선택지가 많으면 어른도 현명한 판단을 내리기 어렵다. 화려한 분위기에 있으면 더욱 그렇다. 어른도 이럴진대 아이들은 어떻겠는가.

아이들이 '딱 하나'만 고르기에는 물건이 많아도 너무 많았다. 원하는 걸 신중하게 골랐다 하더라도 쉽게 질리는 완제품의 특성상 조금 가지고 논 후에는 새로운 것을 갖고 싶어 했다. 이런 모습을 보면서 이건 아이들이 선택할 문제가 아니라는 판단이 들었다. 하루는 아이들이 내게 오더니 이렇게 말했다.

"엄마, 지난번에 봤던 그 합체 로봇이 갖고 싶어요. 친구도 유치원에 새것 가지고 왔거든요."

"엄마, 나도 그 인형."

"얘들아, 우리 지난번에 가서 산 지 얼마 안 됐는데 또 갖고 싶어? 완제품은 이렇게 금방 질리는 거야."

나는 아이들과 (지금은 고인이 된) 윤지회 작가의 《마음을 지켜라! 뿡가맨》을 보며 완제품을 계속 갖고 싶어 하는 아이들의 '심리'에 대해 이야기를 나눴다. 이 책의 주인공 역시 꿈에 그리던 로봇 장난감인 뿡가맨을 갖게 되지만 신제품이 나오자마자 뿡가맨은 관심 밖으로 밀려난다. 그리고 새로운 변신 로봇이 주인공의 눈에 들어온다. 이 책은 장난감을 바라보는 아이들의 심리를 그림으로 잘 묘사했다. 어린 두 아이도 자신들의 이야기인 것처럼 공감하며 읽기에 충분했다.

난 두 아이와 '현명한 소비'와 '절제'에 대한 이야기를 나눴다. 그리고 필요한 것을 계획해서 구매하자고 제안했다. 루소는 "어린이를 불행하게 만드는 가장 확실한 방법은 원하는 것을 즉시 손에 넣을 수 있도록 하는 것"이라고 했다. 나 역시 아이들이 자신의 욕구를 다루고 지연하는 법을 배우는 게 원하는 장난감을 전부 갖는 것보다 훨씬 중요하다고 생각했다.

● 아이들과 함께한 지역 독립서점 탐방기

그 후로는 아이들과 대형서점에 가는 걸 자제했다. 대신 조금 멀긴 해도 각 지역의 독립서점을 찾아다녔다. 둘러보니 우리 동네에도 독립서점이 꽤 있었다. 대형서점에 가려서 보이지 않았던 것

뿐이었다. 독립서점은 대형서점에 비해 규모는 작지만, 자신만의 '콘셉트'가 있었다. 자본의 힘이 들어간 마케팅이 아닌, 책방지기의 취향에 따른 큐레이션을 경험할 수 있다는 게 독립서점의 큰 매력이었다. 책방마다 풍기는 분위기가 모두 달랐다.

아이들은 작은 서점을 돌아다니며 자신이 관심 있어 하는 주제의 책들을 스스로 고를 수 있는 기회를 가질 수 있었다. 대형서점은 베스트셀러나 스테디셀러 혹은 유명 출판사 책들을 주로 진열해 놓지만 독립서점에서는 잘 알려지지 않은 작품들도 만날 수 있었다. 소품 등을 제외하면 형형색색의 장난감은 거의 찾기 어려워 아이들은 책에 집중할 수 있었다.

그 후로 우리는 여행을 가면 그 지역의 동네 책방에 들러 보기도 하고 어린이 전문서점을 찾아다니기도 했다. 독립서점은 개인에게 '북 큐레이션 서비스'를 하기도 하는데 대전의 한 책방과 인연이 되어 한동안 집에서 책을 받아 보기도 했다. 그곳은 큐레이션을 받는 고객들에게 선별한 책과 함께 책방지기가 직접 쓴 손편지를 넣어 주었다. 어떤 때는 책보다 편지가 기다려지기도 했다. 정성껏 쓴 손편지를 받으면 아무리 세상이 발전해도 사람의 향기는 무엇과도 대체될 수 없다는 느낌을 받았다. 아이들도 은근슬쩍 책방지기가 보내는 책과 엽서를 기다렸다.

아이들의 증조할머니를 뵈러 일산에 들르면서 근처에 어린이책방이 있다는 걸 알게 되었다. 아이들만을 위한 어린이책방은 찾기 어려웠는데 다양한 그림책을 볼 수 있다는 게 큰 매력으로 다가왔다. 그래서 아이들은 증조할머니댁에 갈 때마다 어린이책방에 들르자고 졸랐다. 그뿐만 아니라 용인, 고성, 속초 등 가족 여행을 갈 때에도 지역 책방을 찾았다. 우리에겐 즐거운 책방 투어였다.

● 지역 축제에서 책과 함께한 우리의 추억

책방 투어를 다니다 보니 소셜미디어 이웃을 맺게 되는 책방들이 하나둘 생겨났다. 책방지기들은 소셜미디어를 통해 자체 행사나 지역 문화 활성화를 위한 문화 행사 홍보 글을 올리곤 했다. 나는 이런 기회들을 아이들과의 '책 여행' 기회로 삼았다.

한번은 아이들과 용인시로 여행을 갔다가 우연히 시골 책방을 발견했다. 책방 주변에 아름다운 저수지가 있는데 이곳에서는 매달 문화 행사가 열리고 있었다. 그리고 일 년에 한두 번은 각 지역의 독립책방들이 모여 각자 큐레이션한 책을 전시하고, 작가와의 대화도 나눌 수 있는 '북 마켓'을 열었다. 각양각색의 지역 책방들이 한자리에 모인 곳에서 다양한 책을 경험할 수 있다는 게 신선했다.

우리는 햇살을 받아 반짝이는 저수지를 바라보며 각자 원하는 책을 골랐다. 아이들은 여러 부스를 기웃거리며 자신들이 좋아하는 책들을 찾아다녔다. 책방지기들은 아이들의 질문에 정성껏 대답해 주었고, 아이들은 자기가 원하는 분야의 책들을 고르는 데 도움을 받았다. 그리고 취향에 맞는 책들을 발견하면 그 자리에 앉아 책을 읽었다.

"자, 지금부터 판소리 공연을 느티나무 아래 강연 부스에서 진행합니다. 공연을 볼 분들은 서둘러서 느티나무 아래로 모여 주시기 바랍니다."

북 마켓에서는 시간대별로 평소에 접하기 어려운 다양한 문화 체험을 할 수 있었다. 딸아이는 그날 열린 판소리 공연을 유심히 듣더니 한동안 가족 앞에서 〈사랑가〉를 열창했다. 이외에도 물레 체험을 하며 도자기를 만들고, 쪽잎을 이용해 흰 천에 염색도 했다. 아로마 향을 맡으며 내 몸 컨디션을 점검해 보고 캘리그래프를 배워 보기도 했다. 화려한 장난감 하나 없었지만, 아이들은 지루한 줄 몰랐다. 책과 함께 노는 그 시간 동안 우리의 시간은 멈춘 듯했다. 우리는 그곳에서 시간 가는 줄 몰랐고 저수지 너머로 하늘이 붉어진 것을 보고서야 저녁이 되었음을 알았다.

아이들과 작은 책방을 찾아다니며 발품을 많이 팔아 몸이 고되기도 했지만 그만큼 얻는 것도 많았다. 아이들은 자기가 직접 고른 책들을 소중하게 여겼다. 가끔은 그 책에 얽힌 '역사'를 들려주기도 했다. 책 여행 이후로 우리에게 책을 사는 건 기억을 사는 것이 되었다. 지금도 책장에 꽂힌 책들을 보면 그때 우리가 함께했던, 지금은 추억이 되어 버린 소중한 시간이 떠오른다.

일곱 살 아이가 사랑한 작가, 로알드 달

"엄마, 제발요. 플리즈 플리즈."

"뽀뽀해 줄게요. 한 챕터만 더 읽어 주세요, 알았죠? 얼른요."

매일 잠자리에서 아이들은 책을 더 읽어 달라고 졸라 댔다. 그렇게 책을 읽어 주다 보면 매일 밤 잠자리 독서 시간은 한 시간을 훌쩍 넘겼다. 특히 아이들이 좋아하는 책을 만나는 날은 나도 각오해야 했다. 아이들은 하품이 연신 나오는데도 벌게진 눈을 부릅뜨며 "한 챕터만 더!"를 외쳐 댔다. 대체 얼마나 재밌길래 잠도 안자며 책을 보려는 건가, 그저 신기했다.

일곱 살과 다섯 살 남매가 잠을 이기며 더 읽어 달라고 했던 책은 언어의 마술사 로알드 달의 《찰리와 초콜릿 공장》이었다. 그 무렵 아이들은 그림책뿐 아니라 얇은 단행본들도 접하며 조금씩 스토리가 긴 책들에 익숙해지고 있었다. 《멋진 여우 씨》를 아이들이 재밌어하길래 그의 작품 중 호흡이 조금 긴 것을 골라 보았다. 소재가 아이들이 좋아하는 초콜릿이니 관심을 보일 거라고 생각했다.

아이들이 처음부터 이 책을 읽으리라 기대하지는 않았다. 다만 책장에 꽂혀 있으면 아이들이 준비되었을 때 읽어 달라고 가져올 거라 생각했다. 그런데 웬걸, 책장에 책을 꽂기도 전에 표지 그림을 보자마자 관심을 보였다. 마술사 같은 남자와 환하게 웃고 있는 한 소년의 모습은 아이들의 흥미를 끌기에 충분했다.

《찰리와 초콜릿 공장》은 250페이지가 넘는 중장편소설이어서 매일 자기 전 두세 챕터씩 슬로 리딩으로 읽어 줄 생각이었다. 첫날은 인물 소개이니 2챕터까지 읽어 주었다. 사랑이는 찰리 할아버지를 묘사한 그림을 보더니 "엄마! 그 말라깽이 빈이랑 똑같아!"라며 "보기스, 번스, 빈" 하며 《멋진 여우 씨》에 나오는 노래를 불렀다. 다섯 살 사랑이의 눈썰미는 예리했다. 《찰리와 초콜릿 공장》과 《멋진 여우 씨》의 그림 모두 퀸틴 블레이크의 작품이었기 때문이다.

● 잠도 이기며 읽었던 우리의 첫 장편소설

다음 날 저녁, 축복이는 인도 왕자를 봐야 한다면서 《찰리와 초콜릿 공장》을 들고 왔다. 책을 읽어 주기 시작하자 축복이는 중간중간 찰리에게 감정 이입을 했다. "진짜 불쌍해요." "찰리가 꼭 황금빛 초대장을 받으면 좋겠는데." 이렇게 아이는 책에 빠져들었다. 그러다 마지막 남은 황금빛 초대장이 찰리 손에 들어가자 두 아이 모두 환호성을 지르며 방방 뛰었다.

100페이지 가까이 읽어 목도 아프고 졸려서 다음 이야기는 내일 읽자고 하니 두 아이의 애교 작전이 시작됐다. 처음에는 그 모습이 귀여워서 한두 챕터를 더 읽었지만, 목소리는 점점 갈라지고 더는 읽기 힘든 지경에 이르렀다. 안 되겠다 싶어 나머지는 내일 읽자고 하니 아이들은 궁금한데 안 읽어 준다며 화를 냈다. 그렇게 아이들은 책을 더 못 읽게 한다고 심통이 난 채로 잠이 들었다.

다음 날 아침, 피곤이 풀리지 않은 채 소파에 기대어 있는데 저 멀리서 나를 부르는 공포의 목소리가 들려왔다. "엄마, 찰리 읽자요" 하며 축복이가 책을 들고 걸어 나왔다. 여덟 시간도 채 안 자고 일어난 아이는 하품을 연신 해 대면서도 책을 읽어 달라고 했다. 그런데 이야기가 시작되자 아이의 눈은 초롱초롱해졌다. 등장인물 중 하나가 초콜릿 강에 빠졌을 때를 포함해 중간중간 아이는 정말 재밌는지 깔깔대며 웃었다. 그사이 사랑이도 일어나 내 옆에 붙어 이야기를 듣고 있었다.

그렇게 250페이지가 넘는 《찰리와 초콜릿 공장》 읽기는 이틀

만에 끝났다. 축복이는 책을 덮으며 재미있는데 벌써 끝났다며 아쉬워했다.

"엄마, 찰리 최고예요. 저도 찰리 같은 어린이가 되고 싶어요."

"찰리가 어떤 어린인데?"

"착하고 선한 어린이요."

"엄마, 저도요!"

두 아이는 어느새 찰리 이야기에 흠뻑 빠져 있었고, 그 안에서 스스로 교훈도 발견했다. 아이들과 책을 읽으면서 느낀 건 부모로서 훈계랍시고 잔소리를 늘어놓는 것보다 내 아이와 좋은 책 한 권을 함께 읽는 게 어쩌면 더 좋은 교육일지 모른다는 것이었다. 그 후로 축복이는 로알드 달의 책은 모두 구매해 달라는 기특한 요청을 했다. 우리 집 책장에는《찰리와 거대한 유리 엘리베이터》,《멍청씨 부부 이야기》,《제임스와 슈퍼 복숭아》등 로알드 달의 책이 하나둘 늘어 갔다.

⦂ 자녀에게 책을 읽어 주는 것의 의미

스테디셀러로 미국뿐 아니라 일본 교육 현장에도 큰 영향을 준 책《하루 15분 책읽어주기의 힘》의 저자 짐 트렐리즈는 자녀가 10대가 되어도 책 읽어 주기를 계속해야 한다고 했다. 이유는 아이들의 '읽기' 능력과 '듣기' 능력에는 차이가 있기 때문이다.

전문가들의 견해에 따르면, 듣기와 읽기 수준은 중학교 2학년 무렵에 비슷해진다고 한다. 즉 아이들이 혼자 읽을 때는 이해하지 못하는 이야기를 들으면서는 이해할 수 있다는 것이다. 아이들은 엄마 목소리를 통해 이야기를 들으며 집중력을 발휘하고 머릿속으로는 내용을 상상하게 된다. 또한 평소에 또래와 자주 사용하는 단어 외에 고급 어휘들을 접하며 훗날 책을 읽을 때 쉽게 이해할 기반을 닦을 수 있다. 난 아이들에게 《찰리와 초콜릿 공장》을 읽어 주며 이 같은 내용이 사실임을 알게 되었다. 그래서 이후에도 아이들에게 호흡이 긴 책들을 꾸준히 읽어 주었다.

자녀에게 책을 읽어 주는 건 단지 '책에 적힌 글자를 읽어 주는 것' 이상의 의미가 있다. 그것은 아이들과 시공간을 함께하는 것이고, 아이들의 마음에 부모의 사랑이 새겨지는 경험이기도 하다. 엄마 아빠가 자녀를 품에 안고 책을 읽어 주면 아이들은 책을 볼 때마다 부모와의 따뜻한 시간을 떠올리게 된다. 짐 트렐리즈 역시 어릴 때 아빠가 매일 밤 책을 읽어 줬던 기억이 좋아서 두 자녀에게 책을 읽어 주었고, 이를 주변에 알리고자 책을 썼다고 한다.

나는 아이들이 책을 좋아하는 아이들로 크기를 바랐다. 책을 통해 세상을 만나길 바랐다. 지식을 얻는 수단뿐 아니라 몇백 년 전, 아니 몇천 년 전 성인들의 지혜를 만나며 책이 삶에서 가장 좋은 '벗'이 되길 바랐다. 무엇보다 아이들이 책을 보며 엄마와 보냈던 시간을 떠올린다면 더 바랄 게 없을 것 같았다. 아장아장 걸을 때부터 엄마 품에서 그림책을 읽었던 기억들이 훗날 자신들이 힘들 때 꺼내 볼 수 있는 추억이 되길 바랐다. 그래서 아이들이 읽어 달라고 수시로 가져오는 책을 거부하지 않고 열심히 읽어 주었고, 책과의 소중한 기억을 만들기 위해 노력했다.

● 책과 함께했던 우리들의 소중한 시공간

날씨 좋은 날, 우리는 옥상으로 소풍을 나갔다. 그림책과 미술 도구, 간식을 들고 푸른 하늘 아래에서 그림도 그리고 글도 썼다. 삭막한 도심이었지만 옥상에 올라가니 탁 트인 시야가 주는 해방감이 있었다. 그 속에서 느껴지는 감성을 아이들은 작품으로 옮겼고 나는 아이들의 그 작품을 벽에 붙여 '작은 전시회'를 열어 주었다. 아이들은 자신들의 '작품'이 전시된 것을 보며 굉장히 좋아했다.

책에서 만난 메뉴들을 직접 만들어 보기도 했다.《한밤중 달빛 식당》(이분희)을 읽으며 "식당 메뉴판에 어떤 메뉴를 넣을까"라고 물으니 아이들은 '달빛 쿠키'를 만들고 싶다는 아이디어를 냈다. 우리는 베이킹 책을 참고해서 우리만의 달빛 쿠키를 만들었고, 그 쿠키를 먹으며 즐겁게 책을 보았다.

《우주로 간 김땅콩》(윤지회)을 보고서는 땅콩의 친구 호두를 넣은 '호두 당근 컵케이크'를 만들기도 했다. 아이들이 당근을 갈아 재료들과 섞고 호두를 작게 잘라 올린 후 컵에 담아 구웠다. 전문적인 솜씨는 아니지만, 맛이 제법 근사했다. 아이들은 직접 만든 호두 당근 컵케이크를 먹으며 책에 나온 랩을 흥얼거렸다. 당시 암투병 중이던 윤지회 작가에게 여섯 살 축복이는 편지를 보내기도 했다.

지금도 책장 한쪽에 꽂혀 있는 책들을 보면 그때 우리가 함께했던 그 시공간이 떠오른다. 책 한 권 한 권에 우리만의 이야기가 담겨 있어서다. 당시에는 힘들다고 느껴졌던 그 시간이 돌아보니 추억이 되어 있었다. 우리 아이들의 마음에도 이러한 기억이 고스란히 남아 있겠지. 책과 함께했던 그 시간은 그 무엇과도 바꿀 수 없는 우리만의 소중한 자산으로 남아 있다.

책 좋아하는 아이로 키우는 비법

책 읽는 것이 일상인 집 분위기를 만들려고 많이 노력했다. '지혜는 자연에서, 지식은 책에서'라는 말이 있지만, 책을 통해 지식 그 이상의 것을 배울 수 있다고 생각했다. 또한 독서는 모든 공부의 토대다. 책을 읽으면 배경지식을 얻게 되니 자연스럽게 공부를 하게 되는 효과가 있다.

그런데 책을 통해 이 모든 것을 얻으려면 '자발적'으로 읽어야 한다. 억지로, 누가 시켜서 혹은 시험을 보기 위해 책을 읽는 건 그 의미가 퇴색된다. 책 읽기도 '재미'가 있어야 한다. '호기심'을 해결하기 위해 스스로 읽는 책은 아이들에게 더할 나위 없는 공부가 된다.

아이들에게 책이 친구가 되려면 그럴 만한 환경을 만들어 줘야 했다. 먼저 텔레비전을 켜지 않았다. 엄마표 영어를 시작하겠다고 생각한 후로 텔레비전은 영어 DVD를 보는 용도로만 사용했다. 매일 뉴스를 보며 증시 상황을 점검하고 내 모습을 모니터했던 나로서는 텔레비전을 켜지 않는 게 어색했다. 그러나 아이들은 보지 못하게 하면서 엄마가 혼자 드라마나 예능 프로그램을 보고 있을 수는 없었다. 아이들은 부모의 모습을 그대로 따라 배우는 존재이기 때문이다. 나 역시 아이들과 함께 책을 펼쳤다.

● 게임과 스마트폰이 없어도 즐거운 이유

텔레비전과 함께 제한한 것 중 하나가 게임이었다. 우리 집에서는 스마트폰이나 게임을 허용하지 않았기에 아이들은 주로 놀이를 만들어 놀거나 책을 보았다. 축복이 친구들은 대부분 스마트폰을 가지고 있었고, 거의 모든 아이가 게임을 했다. 축복이 역시 주변 형들을 보며 예닐곱 살 때부터는 게임을 하고 싶다고 했다. 그러나 게임은 득보다 실이 더 크다고 판단해 아이들과 이에 대한 부작용에 대해 많은 이야기를 나눴다. 빠르고 자극적인 게임 화면을 가까이하는 순간 책은 아이들의 우선순위에서 밀려나기 때문이다.

"엄마, 저도 친구들처럼 게임을 하고 싶어요. 스마트폰도 갖고 싶고요…."

"그렇구나. 친구들이 다 하니 게임을 하고 싶을 수는 있어. 근데 너 아이폰을 개발한 스티브 잡스 아저씨 알지? 잡스 아저씨는 자녀들한테 아이폰이나 아이패드를 주지 않았대. 왜 그랬을까? 만약 자기가 발명한 아이폰이 아이들에게 유용하고 이로운 거라면 가장 사랑하는 아들딸한테 제일 먼저 주지 않았을까?"

첨단기술의 상징인 실리콘밸리의 종사자들은 실제로 미성년 자녀들에게 IT 기기를 철저하게 금지하는 것으로 알려져 있다. 또한 어떠한 디지털 기기도 사용하지 않는 사립학교에 자녀들을 보내 교육시킨다. 나는 이러한 객관적인 자료들을 보여 주면서 게임이 아이들의 뇌 발달에 끼치는 부정적인 영향에 관해 두 아이와 얘기를 나눴다. 대신 아이들이 게임을 못 하는 데 아쉬움을 느끼지 않도록 밖에서 뛰어놀 시간을 충분히 주었고, 신나게 노는 아이들 곁에 함께 있어 주었다. 엄마와 정서적 유대관계가 잘 형성된 두 아이는 고맙게도 시대에 역행하는 나의 육아 철학에 잘 따라 주었다.

● 책을 고를 때 가장 중요하게 생각해야 하는 것

책을 좋아하는 아이로 만들려면 환경을 만드는 것 외에도 신경 써야 할 게 있다. 바로 어떤 책을 어떻게 고르면 좋을까에 대한 부분이다. 답은 내 아이의 관심사에서 시작하는 것이다. 아이들이 어릴 때는 엄마가 골라 준 책이면 뭐든 좋아한다. 그러나 아이들이 자라면서 자신들만의 취향과 관심 분야가 생기게 된다.

엄마가 할 일은 아이의 말과 행동에서 관심사를 알아내 그것과 관련된 재미있는 책을 찾아보고 건네는 것이다. 이때 아이에게 대놓고 엄마가 찾았으니 읽어 보라고 하면 곤란하다. 엄마의 욕심을 들키는 순간, 아이 마음속에는 거부감이 생기고 만다.

우선 아이가 좋아할 만한 책을 골라 눈에 잘 띄는 곳에 슬며시 놓아두고, 아이가 먼저 책을 발견해서 물어볼 때까지 모른 척을 한다. 아이가 먼저 책을 발견하고 스스로 책을 펼치는 게 중요하다. 그 별것 아닌 행동에서 아이들은 '자발성'을 경험한다. 누가 시킨 게 아니라 자기 의지대로 책을 펼치고 읽었다는 자체로 뿌듯함을 느낀다. 더 큰 자발성을 느끼게 하려면 도서관이나 지역 서점을 함께 방문해 아이 스스로 좋아하는 책을 고르도록 하는 것도 좋다.

나 역시 아이들과 도서관에 자주 들렀다. 초등학교 저학년의 하교 시간은 워낙 빠르므로 놀이터에서 놀다가 도서관에 가면 시간을 유익하게 보낼 수 있었다. 그런데 도서관에서 생각지도 못한 복병을 만났다. 초등학생 코너에 학습만화가 엄청나게 많이 꽂혀 있는 게 아닌가. 유아기 때까지 주로 그림책이나 글밥이 좀 되는 책을 봤던 축복이였는데 학습만화를 접하더니 도서관에 가면 주로 그 코너를 기웃거렸다. 그 당시는 아이들의 문해력에 대한 방송 프로그램이 큰 이슈를 불러오면서 학습만화를 보는 학부모의 시선이 곱지 않던 때였다. '학습만화는 주로 짧은 문장들로 이뤄져 있어 익숙해지면 줄글을 못 읽는다'는 의견부터 '정독을 못 하게 된다', '말풍선의 내용만 보므로 정작 중요한 내용은 안 본다' 등 부정적인 의견이 대세였다.

● 학습만화의 아쉬운 부분을 보완하는 방법

나 역시 이러한 의견을 접하며 불안한 마음이 들었다. 그러다가 학습만화의 긍정적인 측면을 뒷받침하는 의견은 없는지 알아보기도 했다. 내 결론은 아이들이 처음 접할 때 생소하고 어려운 분야는 학습만화로 접근하는 것도 좋다는 것이다. 다만 학습만화에 그치지 않도록 확장, 연계 독서를 할 수 있게 이끌어 주는 게 중요하다.

축복이는 학습만화 《내일은 실험왕》, 《내일은 발명왕》을 도서관에서 접했는데 워낙 아이들에게 인기 있는 책이라서 거의 늘 대출 중이었고 남아 있는 책은 몇 권 없었다. 결국 축복이는 자기 생일에 이 시리즈를 모두 사 달라고 했다. 책의 구성을 살펴보니 다양한 실험들이 소개되어 있고 책마다 실험 키트가 들어 있어서 어려운 과학 내용을 재미있게 접할 수 있을 것 같았다. 나는 아이의 바람대로 시리즈를 모두 사 주었다. 아이는 매일 실험 키트를 하나씩 꺼내 스스로 실험해 보고 모르는 건 내게 도움을 요청하며 과학에 재미를 붙여 갔다. 그리고 초등학교 1학년 꿈 발표회 시간에 산성과 염기성에 대한 주제로 발표해 친구들에게 큰 호응을 얻었다.

아이가 발표를 준비할 때, 나는 곁에서 학습만화에 이어 확장, 연계 독서를 할 수 있게 도와주었다. 발표 주제인 산과 염기에 대해 발표할 때 《내일은 실험왕》과 《비커 군과 친구들의 유쾌한 화학실험》, 《과학공화국 화학법정》(제1권 화학의 기초)을 같이 보도록 유도했다. 이렇게 연계 독서를 하면서 아이가 학습만화만을 읽는 데 그치지 않도록 도움을 주었다.

주기율표가 나오면 시어도어 그레이의 《세상의 모든 원소 118》을 같이 보며 각 원소에 대해 알아보기도 했다. 학습만화 《내일은 로봇왕》 시리즈를 읽을 때는 《로봇》*을 함께 볼 수 있게 했는데 아이는 이때부터 로봇에 관심을 갖게 되었고, '지능로봇'이라는 방과후 과목을 선택해 꾸준히 수강하며 '로봇공학자'의 꿈을 키우고 있다.

---

* 《로봇》, 최재훈 지음, 툰쟁이 그림, 와이즈만BOOKs, 2019

책 외에도 과학이나 수학 잡지를 정기구독하는 것 또한 아이들 학습에 도움을 주는 방법이다. 도서관에 가면 다양한 분야의 잡지를 접할 수 있는데 축복이는 도서관에서 접한 한 과학 잡지에 관심을 보였다. 아이는 내게 구독 신청을 해 달라고 몇 달을 졸랐고, 지금까지 과학과 수학 분야의 잡지를 정기구독해서 보고 있다.

이렇게 학습만화의 아쉬운 점을 곁에서 보완해 준다면 오히려 아이의 공부에 긍정적인 영향을 줄 수 있다. 주변의 말만 듣고 무조건 안 된다고 막기보다는 학습만화의 긍정적인 측면을 어떻게 활용할지 고민해 본 덕에 아이와 불필요한 마찰을 줄이고 아이의 관심사를 발전시키는 계기를 만들 수 있었다. 아이가 좋아하는 분야가 생기면 그동안 쌓은 배경지식이 있으므로 글밥이 다소 많고 두꺼운 책들도 거부감 없이 읽을 수 있게 된다. 초등학교 2학년 때 지역 책방에서 직접 고른 과학동화, 《빨간 내복의 초능력자》 시리즈는 지금도 축복이가 가장 좋아하는 과학책 중 하나다.

⦂ 내 아이의 홈런 북을 찾아라

한때 과학에만 푹 빠져 지낸 축복이에게 다른 분야의 책도 권하고 싶어 도서관에서 《명탐정 셜록 홈스》 한 권을 빌려 책상 위에 놓아두었다. 축복이는 무심코 책을 펼쳐 읽더니 소장하고 싶다며 전권을 사 달라고 내게 주문했고 한동안은 셜록 홈스 시리즈를 탐독했다. 2학년 초에는 친구가 읽고 있는 《이상한 과자 가게 전천당》 시리즈가 재미있어 보인다며 도서관에서 한두 권 빌려서 보더니 전권을 사 줄 수 없냐고 내게 애교 작전까지 펼쳤다. 축복이는 이제 《이상한 과자 가게 전천당》 신간이 나오면 늘 초판 1쇄를 사는 게 목표일 정도로 히로시마 레이코의 팬이 되었다.

아이들이 자기의 취향에 맞는 책, 이른바 '홈런 북'을 만나게 되면 책의 재미에 더욱 푹 빠진다. 이런 책들은 글밥이 많은 책으로 넘어가는 마중물 역할을 한다. 다만 문학이나 잔잔한 소설은 아이들이 스스로 읽는 일이 많지 않으므로 곁에서 도움을 주면 좋다. 사랑이는 한글을 늦게 깨우치기도 했고 자기 전에 늘 내게 책을 가져와 읽어 달라고 했지만, 읽기 독립을 일찍 한 축복이는 어느 순간부터 자기 전에도 혼자 책을 읽고 싶어 했다.

아이에게 긴 호흡의 문학책을 권하고 싶던 나는 묘책을 냈다. 일찍 일어나는 축복이와 아침 독서 시간을 갖는 것이었다. 아직 잠이 덜 깬 축복이는 내 무릎을 베고 누워 문학작품을 귀로 들었다. 그러다 긴장되는 순간에는 벌떡 일어나기도 하고, 재미있는 대목에서는 깔깔대기도 했다. 아쉽게 이야기가 끝난 날은 어릴 때처럼 "한 챕터 더"를 외쳐 댔다. 그렇게 등교 준비 전까지는 축복이에게, 잠들기 전 잠자리에서는 사랑이에게 책을 읽어 주었다.

책은 나와 아이들을 이어 주는 매개체다. 책 속에는 읽고 함께 이야기를 나누며 공감할 소재들이 늘 존재하기 때문이다. 아이의 관심사를 확인하고 좋아할 만한 책을 선정하는 건 쉬운 일이 아니다. 그것을 읽어 주는 것 또한 많은 노력을 필요로 하는 일이다. 그러나 쉽게 얻은 것은 쉽게 잃는다는 말이 있듯이 어렵게 얻은 가치이기에 더 소중한 게 아닐까. 무엇보다 그 시간들은 나와 아이들의 마음속에 고스란히 남아 있다. 아이들의 키만큼이나 마음과 정서까지도 풍요롭게 키워 준 귀한 시간으로 말이다.

4장

영어 만화 보며 깔깔대는
그 집 남매의 비밀

강남에서 영어학원을 안 다닌다고요?

"요즘 진짜 고민이에요. 이제 초등학교 가는데 우리 애만 논 것 같아서요. 주위를 보니 영어학원을 안 다니는 애가 없더라고요."

"여기 영어학원 안 다니는 애들 또 있잖아요."

"사랑이는 안 다니는 거 알았는데 오빠도 안 다녀요?"

"네, 태권도만 다니고 있어요."

"어머, 진짜로요? 이 동네 살면서 저 처음 봤어요!"

사랑이가 유치원을 졸업하기 몇 달 전 일이다. 두 아이 모두 영어유치원이 아닌 일반 유치원을 다녔다. 그곳은 아이들의 발달 단계에 따른 '놀이'를 영유아 배움에 가장 중요한 요소로 생각하는 곳이었다. 일과 시간에는 영어를 비롯한 다른 학습적인 요소가 없었다. 다만 영어는 학부모의 요구에 따라 방과후 수업이 주 1회 있었다. 우리 아이들은 방과후 영어 수업을 들은 적이 없지만 말이다. 초등학생인데 영어학원을 안 다닌다는 말에 이야기를 나누던 그 엄마는 적잖이 놀라는 모습이었다.

"애들이 영어로 틀어 줘도 잘 들어요? 그걸 다 알아듣고 보는 거예요?"

"다 알아듣진 못해도 문맥을 보고 이해하는 것 같아요. 자기들끼리 보면서 깔깔대고 저한테 재미있는 부분을 얘기해 줘요."

아이들이 영어 영상물을 깔깔대며 본다는 말에 사랑이 친구 엄마는 내가 집에서 하는 방법을 궁금해했다. 나는 지금까지 두 아이가 재미있게 본 영상들을 그 엄마에게 추천해 주었다.

초등학생 남매인 우리 집 두 아이는 영어학원에 다니지 않는다. 지금까지 영어유치원이나 영어학원 근처에도 가 보지 않았다. 방문 학습지를 하거나 영어 개인 교사가 온 적도 없다. 여섯 살만 되어도 대부분 영어유치원을 가거나 영어유치원 방과후 수업 또는 영어 학습지나 화상영어 등으로 영어를 배우는 분위기를 감안하면 동네에서 보기 드문 경우였다. 요즘은 너 나 할 것 없이 조금이라도 늦으면 뒤처진다는 인식 때문에 모두가 아이들 영어교육에 열을 올리는 분위기이니 말이다.

아이들에게 집에서 영어를 노출하게 된 건 아주 우연한 계기 때문이었다. 축복이가 27개월쯤 되었을 때다. 아침을 만들어 주었는데 갑자기 "하느님 감사합니다"라고 인사를 하는 게 아닌가. 아이가 교회나 성당에 간 적도 없는데 어떻게 이런 말을 쓸까 놀라서 생각해 보니 전날 읽어 준 잠자리책에 답이 있었다. 《어린이 탈무드》였는데 "하느님 감사합니다"라는 대사가 있었던 것이다. 나는 아이의 모습이 신기해 친정엄마에게 전화를 걸어 호들갑을 떨었다.

"글쎄, 오늘 내가 아침을 차려 주니 축복이가 '하느님 감사합니다' 이러는 거야. 놀라서 살펴보니까 내가 읽어 준 책에 그 말이 있더라고. 한 번 읽어 줬을 뿐인데 진짜 신기해."

"어머, 기특해라. 지금 말을 폭발적으로 듣고 배우는 시기여서 그런가 보네. 혹시 영어도 책으로 읽어 주는 건 어떠니? 영어도 언어니까 그것도 우리 말처럼 흡수하듯이 받아들이지 않을까?"

● 영유아기는 외국어 습득의 최적기

친정엄마와의 대화 도중에 대학 수업에서 들었던 촘스키의 언어습득장치(Language Acquisition Device, LAD)가 번개처럼 떠올랐다. 세계적인 언어학자 촘스키는 태어날 때부터 사람의 뇌에는 보편문법(변형생성문법)이 미리 프로그램되어 있으며 결정적인 시기에 적절한 언어 자극을 가해 주면 아이들은 쉽게 언어를 습득할 수 있다고 주장했다. 이렇게 선천적으로 타고나는 언어 능력을 촘스키는 LAD라고 불렀다.

촘스키가 말하는 LAD는 아직 인간의 뇌에서 발견되지 않았다. 그래서 촘스키의 주장을 비난하고 반대 의견을 제시하는 언어학자들도 적지 않다. 하지만 LAD의 존재 유무를 떠나 언어를 배우는 데 '결정적인 시기'가 있다는 건 대다수 언어학자가 동의하고 있다.

스폰지가 물을 흡수하듯 자신에게 들리는 언어를 그대로 받아들이는 축복이를 보며 궁금해졌다. 정말 LAD가 있을까? 당시 두 아이 모두 촘스키가 말한 언어습득의 결정적인 시기였기에 나는 호기심이 발동했다. 그리고 세계적인 언어학자의 말이 사실인지 아닌지 확인해 보고 싶었다. 일단 영유아 외국어 학습과 관련된 책들을 모조리 찾아볼 겸 서점으로 향했다.

서점에는 놀랍게도 영유아의 영어 학습에 관한 책이 많았다. 언어학자들 책부터 집에서 영어 환경을 제공해 주는 '엄마표 영어' 책들까지 꽤 많았다. 그 책들을 읽으며 난 새로운 세계에 눈을 뜬 기분이었다. 지금까지 난 외국어를 내가 배운 방식 외에는 생각해 본 적이 없기 때문이다. 도서관에서 언어학자들이 쓴 책과 뇌과학책, 엄마표 영어책들을 모두 빌려다 보았다. 서점에 갔다가 관련 신간이 나오면 그 자리에서 구매했다. 그렇게 영유아 영어 학습 방법에 대한 자료를 모으고 공부를 시작했다.

촘스키가 말한 대로였다. 촘스키의 말을 알고 했든 모르고 했든 영유아기 아이에게 적절한 언어 자극을 준 부모들이 적지 않았다. '엄마표 영어 1세대'라고 불리는 선배 엄마의 자녀들은 장성해 영어를 편안하게 받아들이고 자유롭게 구사하고 있었다. 우리가 영어를 억지로 외우고 공부했던 방식이 아니었다. 엄마 품에서 편안하게 영어책을 보고 재미있는 영어 영상을 접하며 자연스럽게 배우는 방식이었다.

학습이 아닌 놀이로서 영어를 '습득'할 수 있다

부모 세대인 우리는 외국어를 '학습'했다. 문법을 공부하고 단어를 외우는 식으로 학교에서 또는 학원에서 10년 넘게 영어를 배웠다. 그런데 영어로 말을 하려고 하면 꿀 먹은 벙어리가 된다. 길에서 만난 외국인이 뭐라도 물어보려고 말을 걸면 순간적으로 얼어붙는다. 10년 넘게 영어를 배웠는데 하고 싶은 말을 시원하게 못 한다면 영어를 제대로 배웠다고 할 수 있을까.

그런데 촘스키가 말한 LAD를 믿고 언어를 배우는 결정적 시기를 잘 이용한다면, 아이들은 영어를 우리처럼 학습하지 않아도 된다. 문법을 공부하고 억지로 단어를 외우지 않아도 된다. 영어 노래를 신나게 따라 부르고, 재미있는 영어 영상을 보면서, 또 영어 그림책을 접하며 아이들은 저절로 영어를 습득할 수 있기 때문이다.

아이들이 말을 배울 때를 생각해 보자. 아이들은 첫 발화인 옹알이를 시작하면서 부모의 말을 뇌에 모두 입력한다. 점점 부모의 말을 한 자 한 자 따라 하며 말을 배운다. 외국어도 마찬가지다. 영어 소리를 지속적으로 들려주면 아이들은 모국어를 배우는 방식으로 외국어를 '습득'할 수 있다.

뇌과학적으로도 이는 어느 정도 증명되고 있다. 자기공명장치(MRI)를 이용하면 어른이나 아이가 말을 할 때 뇌의 어느 부분이 반응하는지 살펴볼 수 있다. 바바라 바우어의 《이중언어 아이들의 도전》에 따르면, 외국어 습득 연령에 따라 뇌의 활성화되는 부분이 다르다는 점을 알 수 있다. 어느 정도 나이가 들어 제2언어를 배운 성인의 뇌를 관찰해 보면 두 번째 언어가 모국어와 다른 뇌의 영역에서 작동하는 반면, 어려서 이중언어를 습득한(6세 이전에 2개 언어를 접한) 아이들은 두 언어를 관장하는 뇌의 영역이 한곳에 겹쳐 나타난다는 것이 밝혀졌다. 영유아기에 두 개의 언어를 지속적으로 접하면 외국어 역시 모국어와 마찬가지의 언어로 다루게 된다는 것이다.

세계적인 언어학자의 이론과 현대 뇌과학에서 밝혀진 사실, '엄마표 영어'의 수많은 성공 사례를 종합해 봤을 때, 영유아기의 외국어 습득에 대한 타당성은 확보되었다. 이제 실천만이 남았다. 나는 우리 아이들을 대상으로 이 모든 것을 해 보기로 했다. 이것이 우리 집 '엄마표 영어'의 시작이었다.

엄마표 영어, 마이 웨이를 고집한 이유

축복이가 28개월, 사랑이가 10개월일 때부터 우리 집에서는 '엄마표 영어'가 시작됐다. '엄마표'라고 하니 엄마가 아이를 앉혀 놓고 영어를 가르쳐야만 할 것 같다. 하지만 아니다. 우리 집 엄마표 영어의 핵심은 아이들이 영어라는 언어의 '소리'를 들을 수 있도록 '환경'을 제공해 주는 것이었다. 이게 8할을 차지했다. 나머지 2할은 엄마한테 책을 읽어 달라고 가져오면 읽어 주는 것. 엄마가 직접 파닉스를 가르치거나 이끄는 건 없었다. 아이들에게 영어 노출을 시작한 지 3년째부터는 아이들 스스로 원하는 영상이나 책을 찾아보았다. 여전히 아이들이 모르는 건 엄마인 내게 물어보았고, 난 아이들이 궁금해하는 걸 함께 찾아보거나 가르쳐 주는 정도였다.

물론 이건 우리 집 엄마표 영어의 경우다. 서점이나 도서관에 가 보면 엄마표 영어에 관한 책들을 쉽게 찾아볼 수 있다. 그런데 엄마표 영어책들을 살펴보면 방식이 다양하다는 걸 알 수 있다. 그래도 엄마표 영어를 관통하는 공통된 큰 줄기는 모두 같다. 영어 영상이든 책이든 집에서 '영어 소리'를 들을 수 있게 꾸준히 환경을 조성해 주는 것이다.

나는 우리 아이들에게 맞는 방식을 찾아갔다. 다른 집 아이에게 잘 맞았다 해도 섣불리 우리 아이들에게 적용하지 않았다. 그렇게 우리 집만의 방식이 서서히 만들어져 갔다.

● 아이들에게 영어 습득 환경을 만들어 주는 것

그 방식은 영상이든 책이든 노래든 아이들이 영어를 지속적으로 접할 수 있는 환경을 만들어 주는 것이었다. 다만 중요한 것은 아이들에게 영어를 '가르치지 않는 것'이다. 그 환경 안에 아이들을 놓아 두되 원하는 때에 원하는 방식으로 자신들이 스스로 배울 수 있도록 분위기를 만들어 주고 기다려 주는 것이다. 그것이 축복이가 열 살 때까지 한 우리 집 엄마표 영어의 전부였다.

영어를 가르치지 않는다고? 그게 무슨 소리냐고 생각할 것이다. 스스로 배우게 기다려 주면 경쟁 사회에서 어느 세월에 배우고 있냐고 반문할 수도 있다. 그러나 안타깝게도 부모의 이러한 조급한 마음 때문에 아이들은 배움에 대한 호기심과 즐거움을 잃어 간다. 나 역시 예외는 아니었다. 당연히 조급하고 초조한 마음이 들었다. 언어를 습득하는 '결정적인 시기'가 있다는데 그 시기를 놓친 건 아닌지 불안했다. 그러다 보니 내가 계획한 대로 아이들이 따라오지 않을 때는 화가 나기도 했다. 그때마다 밖에서 무언가를 집어넣는 것이 아니라 아이의 잠재력을 끌어내는 것이 교육의 진짜 의미임을 늘 되새겼다.

'그래도 그렇지, 영어 영상만 보여 주고 책 읽어 주는 것만으로도 괜찮다고?' '남들은 영어유치원에서 시작해 어릴 때부터 달리는데?' '학원은 아니더라도 영어 학습지 정도는 해야지, 무슨 소리야?' 지금 한국 현실과는 동떨어진 방식에 세상 물정 모른다고 생각할 수도 있다. 맞다. 나는 어쩌면 다른 세상에 살고 있었는지도 모른다. 그러나 난 아이들 영어교육에 사활을 건 것 같은 분위기에 휩쓸리고 싶지 않았다. 우리 아이들이 배움에 대한 즐거움을 알기도 전에 시험과 성적으로 평가받는 경쟁의 시험대에 오르게 하고 싶지 않았다.

나는 눈 가리고 귀 막고 아이들을 먼저 생각하기로 했다. 그리고 우리만의 길을 만들어 갔다. 지금 당장 눈에 보이는 아웃풋 혹은 1~2년 후의 결과에 연연하지 않았다. 그보다 아이의 10년 후, 아니 20년 후를 생각했다. 그러면 조급해하지 않고 미래를 내다보며 큰 그림을 그릴 수 있었다. 그러다 보니 '이번에 누가 대치동 ○○ 영어학원의 레벨 테스트를 통과했다더라', '누구는 영어 읽기 레벨 ○○인 책을 줄줄 읽는다더라'와 같은 주변의 이야기에도 흔들리지 않을 수 있었다. 최초의 불교 경전《숫타니파타》의 "무소의 뿔처럼 혼자 가라"는 경구처럼 외롭더라도 나는 묵묵히 내 길을 걸어갔다.

● 영어 거부는 남의 나라 이야기, 영어를 편하게 느끼는 아이들

그렇게 5년 넘게 영어학원이 넘쳐 나는 강남에서 '마이 웨이'를 고집한 엄마표 영어의 성과는 어떨지 궁금할 것이다. 사실 나는 아이들에게 어떤 영어학원의 레벨 테스트도 받아 보게 하지 않았다. 그래서 아이들의 실력을 객관적인 지표로 수치화하기에는 어려움이 있다. 그러나 나는 열 살 이전의 아이들에게는 영어 테스트 결과나 영어책 레벨보다 더 중요한 게 있다고 생각했다. 바로 '얼마나 영어를 즐겁게 받아들이는가' 하는 것이었다. 일고여덟 살에 영어 테스트에서 만점을 받고, 영어 작문을 몇 장씩 쓴다 하더라도 아이가 영어 공부에 부담을 느끼고 하기 싫어한다면 그게 더 위험하다고 생각했다. 앞으로 가야 할 길이 구만리인데 그 먼

길을 '영어를 등에 멘, 무거운 짐 진 자'처럼 가야 한다면 얼마나 괴로울까.

그러나 그 어떤 시험도, 평가도, 심지어 숙제도 없는 우리 집 아이들의 영어 학습 목표는 오직 하나, '재미'였다. 그러다 보니 아이들은 어느 순간 영어 만화부터 내셔널 지오그래픽까지 픽션이든 논픽션이든 거부감 없이 영어를 대하고 있었다. 두 아이 모두 놀면서 영어 노래를 흥얼거렸고, 영어 만화에 나오는 대사를 줄줄 외우며 역할 놀이를 했다. 자기가 좋아하는 영어책은 스스로 펼쳐 재미있게 읽었고, 짧은 문장이지만 자기들끼리 영어로 대화하며 장난을 치기도 했다. 5년 넘게 마이 웨이를 걸어온 결과, 우리 아이들에게 영어는 '쉼'이자 '놀이'가 되어 있었다. 아이들이 보여준 이러한 모습은 그 어떤 영어 테스트 결과보다 내겐 귀하고 값진 것이었다.

그럼에도 엄마들은 '엄마표'라고 하면 머리가 아프다. 엄마표 한답시고 집에 있다가 내 아이만 바보가 될 것 같다. 차라리 돈을 조금 들여 영어유치원이나 학원에 보내 놓으면 일단 마음이 놓인다. 뭐라도 배워서 오겠지 싶어 덜 불안하다. 옆집 애들이 공부할 시간에 내 아이도 일단은 책상에 앉아 있으니 말이다. 그러나 거기에 큰 함정이 있다.

● 억지로 하는 영어 공부, 영어를 싫어하게 만드는 지름길

우리는 이미 경험해 봐서 안다. 책상에 앉아만 있다고 공부하는 게 아니라는 것을. 학원에 간다고 누구나 다 배워 오는 건 더욱 아니다. 엄마 손에 이끌려 억지로 가게 된 영어유치원이나 영어학원이면 더욱 그렇다. 게다가 숙제 때문에 날마다 전쟁이다. 하기 싫어하는 애를 잡아다가 책상 앞에 앉혀 놓고 이것도 모르냐고 냅다 소리를 지르게 된다. 급기야 영어 때문에 아이와의 관계는 급속도로 악화되고 만다.

경제적인 문제도 무시할 수 없다. 돈을 들였으면 본전 생각이 나게 마련이다. 사람 심리가 그렇다. 물론 내 아이 공부시키는 데 아낌없이 투자하고 싶은 게 부모 마음이다. 그러나 영어유치원 보내고 영어학원 등록하느라 허리띠를 졸라맸는데 아이는 가기 싫어하고, 숙제도 안 하고, 심지어 성과도 없으면 화가 난다. 이런 꼴 보자고 안 사고 안 먹으며 학원비를 내고 있는 건 아닌데 싫어 한숨만 나온다.

여기, 방법이 있다. 영어 때문에 골치 아프지 않아도 되는 방법이 있다. 더 이상 아이와 싸우지 않고 엄마와 좋은 관계를 유지하면서도 한 달에 몇백만 원씩을 절약할 수 있는 법. 영어를 편하게 받아들이며 영어 만화부터 내셔널 지오그래픽까지 거부감 없이 보는 아이로 키우는 법. 영어를 공부처럼 생각하는 게 아니라 놀면서 스스로 배우는 아이로 자라게 하는 법 말이다.

누구나 할 수 있다. 그리고 의외로 쉽다. 이제, 지금까지 우리 집에서 했던 엄마표 영어 방법을 소개한다.

누구나 따라 할 수 있는 엄마표 영어

우리 집 엄마표 영어는 크게 두 줄기로 구성되어 있었다. 하나는 영어 DVD이고, 다른 하나는 영어 그림책이다. 그리고 즐거운 영어 노래와 스피킹 연습은 가지에 해당했다.

사실 영상은 아이들이 36개월이 되기 전에는 최대한 적게 접하게 하려고 노력했지만, 사랑이는 오빠와 함께 영상 매체를 볼 수밖에 없는 상황이어서 더 일찍 영상에 노출되었다. 그래도 미디어 중독에 관한 우려는 하지 않아도 되었다. 영상은 늘 시간을 정해 놓고 보았고, 영상 외에도 책이나 놀이 등 아이가 즐거워하는 것이 많았기 때문이다.

● 영어책 활용하는 법

"엄마, 이거 읽어 주세요."

28개월, 10개월 된 두 아기 옆에는 항상 아름다운 그림의 영어책을 가져다 두었다. 우리 집에는 아이들의 작은 손으로도 쉽게 들 수 있는 미니북, 좋은 촉감의 헝겊책, 물놀이용 방수책 등 여러 종류의 책이 있었다.

다양한 영어책을 가져다 놓으면 아이들은 책을 장난감처럼 생각했다. 축복이는 책을 바닥에 펼쳐 놓고 징검다리를 만들거나 도톰한 책들은 쌓아서 탑으로 만들기도 했다. 사랑이는 오빠 옆에서 깨끗이 빨아 놓은 헝겊책을 입으로 물어뜯기도 하고 책장을 넘기며 소근육을 발달시키기도 했다. 목욕놀이를 할 때는 방수책을 이용해 놀았다. 놀이하는 중간중간 아이들은 책을 읽어 달라고 했다. 그리고 엄마가 읽어 주는 영어 소리에 귀를 쫑긋하며 엄마 목소리를 경청했다.

두 아이의 첫 영어책은 에릭 칼의 《Brown Bear, Brown Bear, What do you see?》였다. 고사리 같은 손으로도 잡을 수 있는 크기에 도톰한 두께의 책이어서 넘기기도 쉬웠다. 쉬운 문구가 계속 반복되는 패턴이어서 몇 번 들으니 아이들은 한글책 문구처럼 그대로 흡수해서 따라 했다. 아이들은 그림책 거장들의 책을 즐겁게 접했다. 특히 모 윌렘스의 'An ELEPHANT & PIGGIE Book(코끼리와 꿀꿀이)'이나 'The Pigeon(비둘기)' 시리즈는 깔깔대고 웃으며 몇 번씩 반복해서 보았다. 앤서니 브라운의 《My MUM》을 읽어 줄 때는 내 마음까지 뭉클해지기도 했고 《Bear's Magic pencil》을 읽고는 집에 있는 연필을 마법 연필처럼 사용해 보기도 했다.

그림책과는 조금 다르게 아이들의 읽기 연습용으로 나온 책이 있다. 리더스북(Reader's book)이다. 이름에서도 알 수 있듯이 리더스북은 같은 패턴의 단어나 문장들이 반복되어 나온다. 따라서 읽기를 처음 시작하는 아이들이 읽기에 적합한 책으로 소개되곤 한다. 레벨도 정해져 있다. 그러나 우리 집에서는 리더스북을 레벨에 따른 읽기 연습용보다 외출할 때나 여행할 때 가지고 다니는 용도로 사용했다. 무척이나 얇고 가볍기 때문이다.

리더스북도 아이들 관심사를 중심으로 봤다. 강아지를 좋아하는 사랑이를 위해 비스킷(Bisquit) 시리즈와 좌충우돌 사고뭉치 가족의 이야기인 리틀 크리터(Little Critter) 시리즈를 즐겁게 보았다. 까이유(Caillou), 맥스 앤 루비(Max and Ruby), 도라(Dora), 디에고(Diego), 파자마 삼총사(PJ Masks), 페파 피그(Peppa pig), 클리포드(Clifford), 호기심 많은 조지(Curious George), 리틀 아인슈타인(Little Einsteins), 고 제터스(Go jetters), 슈퍼윙스(Super wings), 바다 탐험대 옥토넛(Octonauts) 등 DVD와 연계되어 나온 리더스북 시리즈도 빼놓을 수 없다.

그림책과 리더스북 다음으로 보는 책이 챕터북(Chapter book)

이다. 챕터북은 그림이 거의 없다. 따라서 스토리가 재미있고 흥미진진한 책으로 시작한다. 엄마표 영어를 한다고 하면 대부분 '매직 트리 하우스(Magic Tree House)'를 첫 챕터북으로 추천한다. 이유는 미국 초등학교 교사들이 추천하는 책이기도 하고 성별과 관계없이 모두 좋아할 만한 스토리여서다. 훑어보니 아이들이 좋아할 만한 요소가 많아 축복이에게 권해 보았다. 그런데 축복이는 재미없다며 관심을 보이지 않았다. 대신 내가 어릴 적 즐겨 보던 만화,《가필드(Garfield)》가 재미있다며 사 달라고 했다. 그러더니 어느 날은 혼자《가필드》에 딸린 CD를 틀어 놓고 책장을 넘기며 보고 있었다.

사랑이는 거의 모든 영어책을 좋아했지만, 축복이는 취향이 확실해서 관심 분야를 공략해야 했다. 축복이는 로봇을 좋아하니 《마이티 로봇(Mighty Robot)》을 권했는데 아주 재미있다며 내게도 읽어 보라고 권했다. 영어 만화로만 대여섯 번을 반복해서 본《서유기(Journey to the West)》는 아이가 하도 좋아해서 한글책을 사서 읽어 주었는데, 어느 날은 영어책으로도 사 달라고 했다. 이 책은 AR 지수 3.8 정도로 제법 글밥이 있지만, 내용을 익히 알고 있어서인지 책을 처음 펼치자마자 어렵지 않게 읽어 내려갔다. 축복이가 2학년 때 일이다.

어떤 책도 즐겁게 읽으면 상관없지만, 만약 아이가 영어 챕터북에 대해 거부감이 있다면 '도그맨(Dog Man)' 시리즈나《엘 데포(El

Deafo)》,《가필드》등 그래픽 노블로 편하게 접해 주는 것도 좋다.

모든 아이가 재미있다고 해도 내 아이가 재미있게 보리라는 보장은 없다. 그리고 그 책을 꼭 봐야 하는 것도 아니다. 대신 내 아이의 취향을 찾아보자. 우리도 취향이 맞지 않은 책은 보기 어렵지 않은가. 세상엔 정말 다양하고 많은 책이 있다. 책을 고를 때 중요한 것은 옆집 아이가 아닌 내 아이의 관심사와 취향을 아는 것이다.

● 영어 영상물을 교육에 200% 활용하는 법

아이들이 36개월 이하일 때는 영어 영상을 보여 주기보다는 책을 읽어 주는 데 중점을 두었다. 그러나 그 이후부터는 영상의 비중을 조금씩 높여 갔다. 어린이집을 가지 않았기에 오전, 오후 각각 50분 정도씩 DVD를 보았다. 유튜브나 넷플릭스 등 좀 더 쉽고 간편한 방법이 있었지만, DVD를 이용했다. 이를 고집한 이유가 있었다. 아이들에게 영상물에 대한 '절제'를 알려 주기에는 DVD를 이용하는 게 더 쉬웠기 때문이다.

유튜브는 시청한 영상 옆에 추천 영상을 무수히 많이 제공한다. 내가 본 영상을 바탕으로 생각지도 않은 콘텐츠를 무한 제공하는 것이다. 따라서 아이들과 시간 약속을 하고 영상을 보더라도 옆에 새로운 영상들이 제공되면 아이는 마음이 흔들린다. 당연히 더 보고 싶은 마음이 들 수밖에 없다. 어른도 절제하기 어려운데 하물며 아이는 얼마나 더 힘들겠는가. 넷플릭스도 마찬가지다. 수많은 콘텐츠 중 원하는 걸 고르는 과정에서 이것도 보고 싶고 저것도 보고 싶다. 결정하기가 참 어렵다.

그러나 DVD는 다르다. DVD 한 장 보는 시간은 종류별로 다르지만 대부분 50~60분 안팎이다. 따라서 한 번에 한 장을 보자고 약속을 정하면 아이는 쉽게 수긍한다. 영상 시청이 끝난 후 DVD를 꺼내서 정리하면 유튜브처럼 연계되어 나오는 영상 때문에 골머리를 앓지 않아도 된다. 그게 DVD의 가장 큰 장점이다. 그러나 DVD를 계속 구매하면 경제적 부담이 생긴다. 아이가 절제에 대해 약속을 지킬 수 있는 나이가 되면 온라인 영어도서관을 이용하는 것도 하나의 방법이 될 수 있다. 축복이가 초등학교에 입학하면서부터 우리는 리틀팍스(www.littlefox.co.kr)를 이용했고, 아이가 스스로 원하는 영상을 골라 다양한 영상을 시청했다. 영어 영상을 보며 자막을 함께 보여 줄지 말지에 대한 부분은 크게 신경 쓰지 않았다. 자막이 있으면 영어 소리를 들으며 집중듣기*를 하는 효과가 있고, 자막이 없으면 소리에 더욱 집중할 수 있기 때문이다.

---

* 집중듣기: 영어 소리를 귀로 들으며 눈으로는 영어 글자를 따라가는 방식

아이가 어릴 때 엄마표 영어를 시작하면 영상을 미디어 교육의 수단으로 200% 이용할 수 있다. 영어 인풋을 넣어 주는 데 이보다 더 좋은 방법은 없기 때문이다. 36개월 전후로 엄마표 영어를 시작하면 쉽게 영어를 시작할 수 있다. 매일 책뿐 아니라 조금씩 영상으로 소리를 접해 주면 거부 없이 영상을 영어교육의 도구로 사용할 수 있다. 그런데 다섯 살이 넘어 엄마표 영어를 시작하면 아이들의 반응이 좀 다르다. 대여섯 살부터는 외국어보다 모국어가 편한 나이이기 때문이다. 따라서 아이들이 영어로 된 영상을 거부할 가능성이 크다. 지금까지 한글 영상을 보고 있었다면 거부의 정도는 더 심할 것이다. 기존에 보던 텔레비전을 틀어 달라고 떼를 쓰며 울고 바닥에 드러누울지도 모른다. 그러나 이는 당연한 모습이다. 잘 보고 있던 한글 만화 대신 들리지도 않은 이상한 '외계어' 만화를 보라니 그럴 수밖에 없다. 아이는 당황스러울 것이다. 이때 '엄마의 반응'이 중요하다. 아이와 같이 화를 낼 것인가, 아니면 침착하게 아이의 반응에 대응할 것인가.

한동안 텔레비전을 끊어 보자. 집에서 심심하게 지내 보자. 그러다 보면 아이 입에서 영어 만화라도 틀어 달라는 말이 나올 것이다. 이때를 놓치지 않고 기회를 잡으면 된다. 대신 그때까지는 인내심을 발휘해야 한다. 그렇게 해서 영어 영상을 조금씩 보면 아이는 점점 영어로 듣는 것을 편안하게 느낄 것이다. 그리고 영어 영상을 보며 재밌다고 깔깔대는 아이들을 만나게 될 것이다.

● 영어 동요를 활용하는 법

영어 동요 또한 아이들이 즐겁게 영어를 배우는 방법이다. 두 아이가 집에서 노는 시간 동안 영어 노래를 틀어 주었다. 조용한 놀이를 할 때는 서정적인 분위기의 '위 싱(We sing)' 시리즈를, 조금 활동적인 놀이시간에는 '마더 구스(Mother Goose)' 시리즈를 틀어 주었다. 마더 구스는 아이들과 함께 놀기에 좋은 노래였다. 〈Rock Scissors Paper, play with me〉가 나오면 주먹, 가위, 보 모양을 함께 만들어 모양 찾기 놀이를 했고, 〈Who took the cookie from the cookie jar?〉가 나올 때는 함께 범인 찾는 게임을 하기도 했다. 〈Itsy-bitsy spider〉가 나오면 손가락 거미가 아이들 몸 위를 올라가는 시늉을 해 주었다. 아이들은 엄마의 손가락 거미가 간지러워서 깔깔거리며 좋아했다. 한 번만 더 해 달라는 요구를 수없이 했다.

때로는 아이들의 노는 모습에 맞춰 노래를 틀어 주었다. 벽이나 바닥에 큰 전지를 붙여 주고 미술놀이를 할 때는 〈I am the Good Artist〉, 〈The Artist Who painted a Blue Horse〉 등을 틀어 주었다. 그림을 그리면서 다 함께 흥얼거렸고, 미술놀이가 끝난 후에는 《I am the Good Artist》, 《The Artist Who painted a Blue Horse》 책을 함께 보았다. 그러면 아이들은 책의 그림을 따라 또 그리고 싶어 했다. 책의 저자인 에릭 칼의 그림은 색이 선명하고 선이 명료해서 아이들이 따라 그리기에도 좋았다. 〈The Great Big Enormous Turnip〉을 들으면서는 큰 무를 상상하며 힘껏 뽑는 모습을 흉내 냈다. 그 자체만으로 아이들은 재밌어했다.

이외에도 '노부영(노래 부르며 배우는 영어)' 시리즈에 나오는 노래들을 놀이시간에 혹은 차 안에서 이동하는 시간에 수시로 틀었다. 이는 흘려듣기 효과가 있어서 아이들이 영어를 편안하게 느끼게 하는 또 하나의 요소가 되었다.

이렇게 우리 아이들은 집에서 영어책과 영상, 노래를 활용해 영어를 편안하게 접했다. 이렇게 편하고 재미있게, 때론 신나게 영어를 생활 속에서 접하다 보니 '영어 거부'는 남의 나라 이야기가 되어 버렸다. 부모는 영어를 가르치지 않아도 된다. 아이들이 편안하고 즐겁게 영어를 접할 수 있는 환경, 즉 시스템만 잘 만들면 그다음에는 저절로 굴러간다.

메타인지를 키우는 자기주도 영어학습

2019년 말, 코로나19 바이러스가 등장한 이후 우리는 지금까지 경험하지 못했던 세상을 만나야 했다. 아이들은 학교에 가지 못했고, 가족끼리도 함께 모일 수 없었다. 아이들은 컴퓨터 앞에 앉아 교사와 친구들을 만나고, 가족은 영상통화로 안부를 주고받았다. 온라인을 통해 세상을 만나는 온택트 시대가 도래한 것이다. 지금까지 경험하지 못한 새로운 시대의 개막은 새로운 기회를 뜻하기도 했다. 문제는 어느 누구도 이에 대한 준비가 되어 있지 않았다는 것이다.

아이들이 학교와 학원에 가지 못하는 상황이 되자 학부모들은 불안했다. 여기에 언론은 연일 '학생들의 학습 부진', '학습 격차

심화' 등의 기사를 내보내며 학부모의 불안에 기름을 부었다. 코로나19가 발생한 지 1년이 지난 후에야 교육부는 저학년부터 부분 등교를 재개했다. 그러나 확진자가 발생하면 학교는 또다시 전면 폐쇄되었다. 이때 아이들은 줌(ZOOM)이라는 새로운 플랫폼에 접속해 원격 수업을 들어야 했다. 문제는 저학년 아이들에게는 비대면 온라인 수업이 힘들다는 데 있었다. 컴퓨터를 보며 집중하기 어려워하는 아이도 있었고, 동시에 말하는 친구들이 많아 수업의 흐름이 끊기기도 했다.

초등학생도 이런 상황인데 유치원생은 어떻겠는가. 유치원생이 원격 수업을 듣는다니! 그 어려움은 불 보듯 뻔한 일이었다. 코로나19가 장기화되면서 비싼 학비를 내고 등원을 하지 못하니 영어유치원에서도 원격 수업을 실시했다. 수업 시간이 어땠는지는 상상이 갈 것이다. 코로나19가 심했던 시기에 놀이터에서 만난 사랑이 친구 엄마는 아이가 영어유치원 줌 수업을 힘들어한다며 고민을 토로했다.

그러나 우리 집은 코로나19에 영향을 받지 않았다. 집에서 아이들은 늘 자신들이 좋아하는 분야의 책을 읽고 있어서 학교에 못 간다고 학습 능력이 떨어질까 걱정할 일은 없었다. 또 영어 영상을 매일 즐겁게 보고 영어 노래를 듣고 있어서 영어학원에 가지 못해 불안할 일도 없었다. 어쩌면 코로나19 덕분에 득을 봤다고 해야 할지도 모르겠다.

● 코로나19 시기가 오히려 엄마표 영어의 황금기

팬데믹이 절정이던 2020년에 두 아이는 모두 유치원생이었다. 그때는 모두가 처음 겪는 상황이라서 불안해했고 교육부에서도 등교 여부를 결정하지 못하고 있었다. 2020년엔 입학식을 하지 못했다. 5월 말에야 교육부에서 초등학교 저학년의 등교와 유치원생의 등원을 결정했지만 학부모들의 불안은 여전했다.

나는 그때 남편과 상의해 아이들의 등원을 잠시 보류하기로 했다. 유치원을 보내 놓고도 불안하다면 차라리 같이 부대끼며 몸은 힘들어도 마음이 편한 게 낫겠다 싶었다. 어린이집도 그만두고 두 아이를 가정 보육했는데 또 못할 게 뭐가 있겠나 싶었다. 그런데 그러려면 유치원 절차상 퇴원 조치 후 재입학해야 했다. 즉 두 아이 모두 다시 입학할 때까지 가정 보육을 해야 하는 상황이었다.

그런데 돌아보면 그 시기가 아이들에겐 황금기가 아니었나 싶다. 나는 아이들과 근처 도서관에 자주 들렀다. 평일 오전의 도서관은 늘 조용했다. 전세 낸 것 같은 도서관에서 아이들은 본인이 원하는 DVD를 직접 찾았다. 보고 싶은 한글책뿐 아니라 영어책도 직접 골랐다. 그렇게 도서관에서 책과 영상물을 둘러보며 자신들의 취향을 찾아갔다.

집에 와서는 자신들이 고른 영어 DVD를 원하는 때에 직접 틀고 보았다. 재밌는 부분이 나오면 좋아하고 나에게 달려와 내용을 얘기해 주며 즐거워했다. 아이들이 놀 때는 영어 음악을 틀어 주었는데 두 아이는 노래를 따라 부르며 춤을 추기도 했고 조용히 앉아 멜로디를 흥얼거리기도 했다. 차분해지는 저녁이면 식사 후 자신들이 고른 책들을 보았다. 아이들이 직접 영상을 찾아보고 스스로 책을 봤던 이때는 자기주도학습의 토대가 되는 시기였다.

열역학에 '임계점'이라는 용어가 있다. 임계점이란 물질의 구조와 성질이 다른 상태로 바뀔 때의 온도와 압력을 말한다. 물은 99도에서 끓지 않는다. 단 1도의 차이로 물은 수증기가 된다. 아이들이 언어를 배우는 과정도 이와 비슷하다. 아이들에겐 임계점까지 영어를 양적으로 듣고 채워야 하는 물리적인 시간이 필요하다. 생애 첫 3년간 아이들이 모국어를 온종일 듣고 어느 순간 말문이 트이는 것처럼 말이다.

임계점까지 어느 정도의 물리적인 양이 채워지면 그다음에는 질적인 변화가 일어난다. 시키지도 않았는데 영어로 말하고 노래를 부르는 모습을 목격한다면 변화가 시작되었다는 증거다. 99도에서의 물이 100도에서는 수증기로 질적인 변화를 이루는 것처럼 말이다.

대부분의 아이는 주 2~3회, 총 두세 시간 정도 학원에서 영어를 접한다. 그 시간 동안 집중해서 영어를 한다고 해도 영어 소리를 물리적으로 쌓기에는 턱없이 부족한 시간이다. 무엇보다 학원에서 배우는 영어는 재미와 거리가 멀다. '시험을 위한 공부'여서 그렇다. 그러나 엄마표로 영어를 자연스럽게 접한 두 아이는 영어에 대한 감정이 긍정적이었다. 자신이 잘 못한다고 생각하는 부분은 적극적으로 보완하고 싶어 했다.

● 메타인지, 모든 자기주도학습의 첫걸음

"엄마, 3학년부터는 학교에서 영어를 배운다는데 저는 단어 쓰는 건 아직 잘 못하거든요. 말하는 것도 기회가 많이 없어서 자신이 좀 없고요."

"아, 그렇게 생각했구나. 엄마가 보기에 듣기나 읽기는 잘하고 있어서 쓰기와 말하기도 연습하면 잘할 것 같은데. 엄마 아빠랑 같이 연습해 보는 거 어때?"

"좋아요!"

2학년이었던 어느 날, 차를 타고 집에 오는 길에 축복이와 나눈 대화다. 그렇게 해서 단어 쓰기는 연습을 시작했지만 말하기 연습은 쉽지 않았다. 화상영어를 하는 친구들도 많았지만, 아직 대화에서 유창성이 발휘되기 이전이니 중간다리 역할을 할 프로그램이 있으면 좋겠다는 생각이 들었다.

그러던 차에 호두잉글리시(https://hodooschool.com)를 알게 되었다. 호두잉글리시는 '3D 가상 세계로 떠나는 어학연수'라는 콘셉트로 참여자가 다양한 상황에서 캐릭터들과 영어로 대화하고 미션을 수행하는 방식의 영어학습 콘텐츠다. 일단 무료 체험을 해 보았는데 두 아이 모두 반응이 좋았다. 활동 중간에 나오는 몬스터와의 배틀은 영어 단어나 표현을 이용해 악당을 물리치는 방식이라 즐겁게 영어 표현을 익힐 수 있었다. 정해진 시간 동안의 말하기 연습이 끝나면 아이는 그날 배운 문장을 따라 쓰는 워크북 활동을 했고, 이제 쓰기도 잘하게 되었다며 자신 있는 모습을 보였다. 프로그램 자체가 게임 형식으로 미션을 달성하는 방식이어서 아이는 학습이라는 부담이 없었고, 스스로 시간 계획을 세워 말하기 연습과 쓰기 연습을 했다.

'메타인지'라는 말을 들어 보았을 것이다. 메타인지란 1970년대 발달심리학자인 존 플라벨이 만든 용어로 자신이 아는 것과 모르는 것이 무엇인지를 스스로 아는 능력을 말한다. 《메타인지 학습법》의 저자이자 컬럼비아대학교 바너드칼리지의 리사 손 교수는 모든 학습의 시작은 메타인지에서 시작된다고 했다. 즉 메타인지가 높은 아이들은 자기의 능력을 한 차원 높은 시각에서 객관적으로 바라볼 능력이 있으므로 부족한 점을 스스로 보완하고 잘하는 점은 더 발전시킬 수 있다는 것이다. 그런데 아이러니하게도 뛰어난 정보력으로 아이들에게 좋은 프로그램을 제공하는 부모들로 인해 아이들은 메타인지를 기를 기회를 얻지 못한다. '부모주도학습'이 되다 보니 아이는 자기가 무엇을 잘 아는지 모르는지,

무엇을 배우고 싶은지 스스로 생각할 여유가 없기 때문이다.

모든 학습과 교육에서 가장 중요한 것은 부모가 아이를 앞서지 않는 것이다. 아이보다 부모가 앞서가면 그것은 부모 주도가 된다. 물론 아이가 평탄하고 안전한 길로 가길 원하는 부모의 마음이 '부모 주도'의 동기라는 걸 안다. 하지만 그로 인해 아이들은 '실패하고 넘어질 권리', '공부를 잘 못해 볼 수 있는 권리'를 누리지 못한다. 내 아이는 반드시 잘해야 한다는 부모의 욕심 때문에 말이다.

그러나 생각해 보자. 우리 아이들이 처음 걸음마를 성공했던 그때를 말이다. 수백 번, 아니 수천수만 번을 넘어진 결과 아이는 두 발로 설 수 있었고, 걸을 수 있었다. 아이들은 넘어져 봐야 한다. 실패도 해 보고 잘하지 못하는 경험도 해 봐야 한다. 그래야 자기 자신에 대해 알 수 있는 힘이 생긴다. 그리고 바로 그 지점에서부터 아이들은 성장한다.

인생에 정해진 길이 있는 게 아니듯이 교육에도 정답은 없다. 영어교육도 그렇다. 다만 엄마표 학습을 하든 학원에 가든 가장 중요한 것은 내 아이를 교육의 중심에 놓는 것이다. 그리고 아이가 '스스로 학습을 주도할 힘'을 키우는 방향으로 교육 목표를 정해야 한다. 어쩌면 내 아이가 자신에 대해 알고 메타인지를 키울 수 있는 가장 좋은 방법이 엄마표 영어였기에 난 이 방법을 지금까지 이어 오고 있는지 모른다. 다만 그 과정에서 필요한 건 부모의 인내와 믿음이다. 부모인 우리가 아이의 아웃풋에 대한 조급함을 내려놓는다면 내 아이에게 영어라는 평생 친구를 만들어 줄 수 있을 것이다.

자녀 영어교육의 목적이 무엇인가요?

"자기, 그 얘기 들었어? 이번에 우리 반 지나가 영어학원 옮긴다고 레테 보러 갔었거든?"

"레테? 레테가 뭐예요?"

"어머, 진짜 모르는 거야? 레벨 테스트! 근데 시험 보는 곳이 수능 고사장인 줄 알았대. 엄마들이 애들 들어가는 학원 앞에 쫙 서서 '누구야 잘 봐', '답안지 밀려 쓰지 마'라면서 뒤통수에 대고 한마디씩 하더라는 거야."

"진짜요? 웬일이야."

"레테 신청도 사이트 오픈하자마자 1분 만에 마감이라네? 시험 망쳤다고 우는 애들도 있고. 영어 때문에 난리도 아니야."

축복이가 여섯 살, 사랑이가 네 살 때 같은 유치원 엄마와 나눈 대화다. 집 앞뿐 아니라 아이들이 다니는 유치원 근처는 온갖 영어유치원과 영어학원이 즐비했다. 영유아 맞춤이라는 놀이 중심의 학원부터 일곱 살에 벌써 A4 한 쪽씩 영어 글쓰기를 시킨다는 스파르타 방식의 학원까지 종류도 다양했다.

그때는 코로나19가 발생하기 이전이었지만 우리 아이들은 집에서 영어를 습득하고 있을 때였다. 나 역시 영유아기의 외국어 습득에 대해 다방면으로 공부한 후 나만의 철학을 세워 실천하고 있던 때였다. 그래서 눈만 돌리면 보이는 게 영어학원 간판이었지만 자세히 살펴보지도 신경 쓰지도 않았다.

'레테'라는 말도 못 알아들을 정도였으니 어느 정도였는지 짐작이 갈 것이다. 그러나 대다수 부모는 영어유치원과 영어학원의 홍수 속에서 혼란스러울 수밖에 없었다. 자녀에게 영어교육을 시키는 이유 혹은 자녀 영어교육의 목표 등 부모가 자신만의 확고한 철학이 없는 한 남이 하는 대로 휩쓸리기 쉬운 곳이 바로 이곳, '강남'이었다.

● 언어 공부는 그 나라의 문화를 배우는 것

축복이가 다섯 살쯤 되는 어느 날이었다. 아이는 영어 DVD를 보다 말고 갑자기 나에게 달려와서 물었다.

"엄마, 영어는 존댓말을 안 쓰고 윗사람한테도 서로 이름을 부르는데 왜 우리는 꼭 존댓말을 써야 해요?"

"그게 궁금했구나. 나라마다 언어가 달라서야. 우리나라 말은 영어랑은 다르게 반말과 존댓말이 있어. 그래서 어른에게는 좀 더 공손하게 표현할 수 있지."

"아, 우리도 반말만 있으면 좋겠다."

아이는 매우 아쉬워하며 다시 DVD를 보러 쪼르르 달려갔다. 축복이가 커 가며 권위에 대한 의문이 생기기 시작한 시기에 했던 질문이다. 아이 눈에는 어른한테도 반말을 쓰는 영어가 더 좋아 보였던 것 같다. 나 역시 미국에서 영어를 쓰며 처음으로 뭔지 모를 해방감을 느꼈던 기억이 있다.

영어는 언어다. 언어에는 그 나라의 문화와 생활양식, 전통이 녹아 있다. 큰아이의 질문에서처럼 우리말에는 영어에는 없는 존댓말이 있다. 그만큼 예로부터 동방예의지국이라 불렸던 예(禮)의 전통을 언어를 통해 엿볼 수 있다. 반면 영어는 윗사람을 부를 때도 친구처럼 이름을 부른다. 그만큼 수평적인 문화, 어떤 의견이든 위아래 구분 없이 자유롭게 이야기할 수 있는 문화라는 것을 짐작할 수 있다. 이렇듯 언어는 그 나라의 문화와 직접 연관되어 있으므로 학습으로 접근하게 되면 놓치는 게 많을 수밖에 없다.

우리 부모 세대는 영어를 '학습'했다. 국어나 수학처럼 영어도 시험 봐서 평가받는 하나의 과목이었다. 그래서 우리는 영어를 배울 때 조동사나 가정법 등 문법책에 밑줄을 긋고 단어집을 들고 다니며 달달 외워야 했다. 말 그대로 언어를 배운 게 아니라 '시험을 위한 영어'를 배운 것이다. 그렇게 10년 가까이 시험 맞춤형 영어 공부를 한 우리의 자화상은 어떤가. 영어만 생각하면 머리가 아프고, 길거리에서 영어가 들리면 슬그머니 자리를 피하는 어른이 되어 버렸다.

● 부모의 불안이 투영된 우리나라의 영어교육

부모는 자식을 사랑한다. 그래서 내가 성장 과정에서 겪었던 힘든 점을 내 자식만큼은 겪지 않길 바란다. 그중 대표적인 것이 영어 아닐까 싶다. 우리 부모 세대는 대부분 영어 공부에 어려움을 겪었다. 영어를 자연스럽게 언어로 '습득'하지 못했다. 성인이 되어서도 말하기 등에 자유롭지 못하다. 이런 상황이니 내 자식만큼은 영어에서 자유롭길, 적어도 힘들지는 않길 바란다.

그러나 이러한 순수한 소망은 어느 순간 불안으로 바뀐다. 여기저기 보이는 학원가의 불안 마케팅에 학부모는 갈피를 잡기 어렵다. '옆집 아이는 벌써 한글에 영어까지 줄줄 읽는다는데 내 아이는?'으로 시작하는 작은 불안의 씨앗은 '이러다가 내 아이만 뒤처지는 거 아니야?', '미리미리 안 하다가 시험도 못 보고 무시당하면 어떡하나?', '이렇게 하다가 대학이나 제대로 가겠나?' 등의 큰 불안으로 자라난다. 이러한 불안감에 사로잡혀 부모는 아이를 억지로 학습으로 밀어 넣는 우(愚)를 범하게 된다. 이런 부모의 마음이 투영된 것이 현재 우리나라 영어교육의 현실이 아닐까 싶다.

영유아기의 외국어 학습이나 영어학원에 대해 무조건 반대하는 건 아니다. 다만 영유아기의 특성을 고려해야 한다고 말하고 싶다. 이 시기 아이들은 뇌 발달 단계상 이성적인 사고와 판단을 관장하는 전두엽이 아직 덜 발달되어 있다. 대신 아이들은 본능과 감정을 관장하는 파충류와 포유류 뇌의 지배를 더 받는다. 따라서 책상 앞에 앉아 어른들이 생각하는 방식으로 하는 영어 공부는 아이들에게 힘들 수 있다. 하기 싫다는 감정이 먼저 들기 때문이다. 이러한 방식이 지속되면 아이들은 배움 자체를 싫어하게 된다. 물론 아이들은 다 다르기에 기질상 학습으로 배우는 게 잘 맞는 아이도 있을 수는 있지만 말이다.

부모는 세상을 먼저 살아 봤기에 아이들에게 좋은 것을 주고 싶다. 그러나 아이가 준비되어 있지 않다면 아무리 좋은 것을 주어도 소용없다. 우리나라에 살며 일상생활에서 영어를 쓸 기회가 많지 않은 아이들에게 '영어는 미리 해 두면 좋은 거야', '이 정도는 해야 해'라고 설득해 봐야 무리다. 영유아에겐 뇌 발달상 이성보다는 감정이 더 우선이므로 논리로는 설득하기 어렵다. 오히려

'이걸 왜 해야 해?' 하는 마음이 드는 순간, 아이들은 영어가 싫어지고 그때부터 영어 거부가 시작된다.

● 영어를 놀이로 접하면 일어나는 기적

교육 사상가들의 가르침을 되짚어 보면 영유아에게 가장 중요한 건 '놀이'다. 학습에 이를 적용한다면 아이들은 뭐든 즐겁게 배울 수 있다. 영어도 마찬가지다. 아이들에게 영어가 놀이가 된다면 부모들은 영어 때문에 고민하지 않아도 되고, 아이들과 싸우지 않아도 된다. 오히려 '영어 영상을 더 보겠다', '스피킹 연습을 더 하겠다'라며 자발적으로 나서는 아이들을 흐뭇하게 바라보기만 하면 된다.

부모인 우리는 아이들을 영어학원에 보내기에 앞서 반드시 해야 할 게 있다. 내 아이에게 영어를 시키는 목적이 무엇인지, 부모인 나 자신에게 스스로 물어보는 것이다. '누구나 다 하니까', '안 하면 뒤처지니까' 등 비교나 불안에서 오는 이유가 아닌 나와 내 아이만의 이유를 찾아야 한다. 우리 가정만의 영어교육 철학을 세워야 한다. 그렇지 않으면 내 아이의 영어 레벨을 점검한다는 명분으로 나의 불안을 아이에게 전가하게 된다.

나는 아이들에게 또 하나의 언어를 선물해 주고 싶었다. 아이들은 나처럼 영어를 평생 암기하고 외워야 하는 숙제로 받아들이지 않길 바랐다. 영어가 목적이 아닌 수단이 되어 자신의 목표를 이루는 하나의 도구로 사용하길 원했다. '언어의 한계는 곧 내가 아는 세상의 한계'라는 비트겐슈타인의 말처럼 아이들이 영어라는 한계에 부딪히지 않고 자신의 세상을 키우길 바랐다. 그러려면 영어를 좋아해야 했다. 좋아해야 잘할 수 있고, 잘하면 더 잘하고 싶은 게 아이들 마음이기 때문이다.

아이들에게 영어라는 날개를 달아 주자. 우리 아이들은 놀면서 즐겁게 영어를 배울 수 있다. 영어를 발판 삼아 자신의 꿈을 이룰 수 있다. 선택은 부모인 우리의 손에 달렸다.

5장

AI를 이기는 힘,
자연과 놀이면 충분하다

2050년에 필요한 핵심 역량은 무엇일까?

전 세계를 두려움으로 몰아넣었던 코로나19가 발발한 지 4년째다. 당시에는 신종 바이러스가 이렇게까지 모든 이의 삶을 바꿔놓을 것이라고는 아무도 예측하지 못했다. 얼굴의 반을 가리는 마스크를 쓰고 일상생활을 해야 하는 것도, 학교에 가지 못하는 것도, 친구나 가족과의 만남을 자제해야 하는 것도 상상하지 못했던 일이었다.

터널 안에 있는 것 같은 답답한 시간이었지만 그래도 시간은 흘렀고 그사이 백신이 개발됐다. 얼마 전 정부가 엔데믹을 선언한 가운데 21세기는 과학의 시대이니 코로나19 바이러스를 가벼운 감기처럼 생각할 시기가 앞당겨지기를 모두가 바라고 있다.

이렇듯 과학의 시대에 사는 우리는 코로나19 종식에 대해 희망이 있지만, 만약 팬데믹 종식에 대해 희망조차 갖지 못한다면 어떨까. 전염병에 걸렸는데 치료를 받을 수 없다면? 어떤 병인지에 대한 정보도 없고 심지어 곁에 있는 사람들이 하나둘씩 죽어간다면? 길에는 사체가 널브러져 있고 삶에 대한 희망조차 없다면 어떨까. 14세기 중세 유럽 인구의 3분의 1을 죽음으로 몰아넣었던 페스트가 창궐했을 때의 상황이다.

중세 유럽의 중심은 '신'이었다. 의학이나 과학이 발전하기 이전의 시대여서 전염병에 대한 지식도 제한적이었다. 기독교적 세계관이 중심이던 중세 유럽에 퍼진 페스트는 '신의 형벌'로 간주되었다. 현대 의학이 발전한 21세기에도 코로나19가 발생했을 때 모두가 두려워했다. 그나마 지금은 언론매체를 통해 관련 정보를 비교적 쉽게 접할 수 있지만, 당시에는 그러지 못했다. 따라서 이름 모를 전염병에 감염되어 피를 토하고 피부가 괴사하며 고통을 받았던 사람들은 자신이 죄를 지어 벌을 받는 거라고 여겼다. 성직자들은 회개만이 살길이라고 가르쳤다. 그 결과 페스트에 걸린 수많은 사람은 회개하려고 종교 시설로 몰려갔다. 그러나 안타깝게도 이로 인해 페스트는 더 빠르게 확산되었다.

중세 시대의 의사들은 페스트 환자들에게 피를 뽑아내는 '사혈'이라는 치료 방법을 사용했다. 사혈은 나쁜 피를 빼고 나면 깨끗한 피만 남아 몸이 정화될 거라는 믿음에서 비롯되었다. 하지만

이 치료법은 페스트에 걸려 면역력이 낮아진 환자들의 병세를 더욱 악화시켰고 환자들을 더 빨리 죽음에 이르게 했다.* 의사들은 모든 지식을 동원해 전통적인 매뉴얼대로 최선을 다해 환자들을 치료했지만, 결과는 처참했다.

성직자들은 기도만이 살길이라며 환자들의 손을 잡고 기도했다. 그러나 성직자들도 환자들에게 전염되어 함께 죽어 갔다. 의학과 과학이 발전하기 이전의 시대적 한계, 어찌 보면 페스트에 대해 알지 못했던 의학적 '무지'가 이러한 결과를 낳았다.

⦂ 과연 우리는 아이들보다 더 많이 알고 있을까

무지(無知). 우리가 잘못하는 행동은 대부분 무지에서 비롯된 것이 많다. 예수님은 십자가에 못 박혀 돌아가실 때 "아버지 저들을 사하여 주옵소서 자기들이 하는 것을 알지 못함이니이다"(《누가복음》 23:34)라고 했다. '저들이 잘못했다'고 하지 않았다. 악한 마음을 품고 의도적으로 하는 행동을 제외한 대부분의 잘못은 잘 모르기 때문에 일어난다.

현대를 사는 우리가 몇 세기 전 사람들의 행동이 안타깝게 느

---

* 〈벌거벗은 세계사-페스트 편〉, tvN, 2021년 1월 30일 방영

껴지는 건 그들보다는 우리가 발전한 과학기술 덕분에 조금은 더 '알기' 때문이다. 그렇다면 지금 우리의 모습은 미래에서 지금 이 시기를 돌이켜 본다면 어떨까. 페스트와 코로나19 예를 들었지만, 과학과 의학 분야뿐 아니라 우리가 사는 삶 전반을 돌아본다면 말이다.

페스트 이야기를 길게 했지만 실제로 말하고 싶은 건 인간의 '무지'다. 무지는 특히 육아와 교육에서 큰 부분을 차지하고 있다는 생각이 든다. 부모인 우리는 아이들보다 더 많이 안다고 생각한다. 아이를 키울 때도 교육할 때도 늘 이것이 전제가 된다. 아이들보다 최소 몇십 년은 더 살아 봤으니 세상에 대한 더 많은 경험과 지식이 있다는 생각으로 아이들을 가르친다. 물론 생활 습관이나 규칙, 사회 규범과 약속, 도덕적인 부분은 부모의 경험과 연륜으로 아이들에게 좋은 방향을 제시해 줄 수 있다.

그러나 그 외의 너무 많은 영역에서 우리는 아이들보다 더 많이 안다는 이유로 아이들을 통제하고 가르치고 있는 건 아닐까. 공부는 이 정도는 해야 기본이라는 말로 아이들에게 무리한 학습을 요구하기도 하고, 엄마가 다 알아 봤는데 이 학원이 가장 좋다며 정작 아이는 원하지도 않는 학원을 보내기도 한다. 지금 이렇게 선행 안 하면 나중에 어쩌냐면서 아이 마음에 불안감을 심어 주기도 한다.

그런데 우리가 지금 알고 있는 정보들이, 아이들에게 꼭 해야 한다고 말하는 것들이 20년 뒤나 30년 뒤 미래 시대를 살아갈 아이들에게 정말 가치가 있는 것들일까? 정말 우리는 아이들에게 가장 좋은 것, 가장 필요한 것을 '알고' 있는 걸까?

❖ 아무도 자신 있게 미래를 예측할 수 없다

2008년 나는 삼성증권 투자정보팀에 근무하며 사내 아나운서로 활동하고 있었다. 아침 7시 30분, 전국 삼성증권 지점에 송출하는 사내 방송을 진행하고 주식시장 개장인 9시 이후에는 MBC 뉴스를 통해 장중 시황을 생방송으로 전하는 것이 나의 일과였다. 생방송도 늘 긴장되었지만, 개장 전 뉴욕 증시를 분석하고 국내 증시를 전망하는 투자정보 회의 또한 팽팽한 긴장감의 연속이었다.

내 머릿속 어딘가 선명하게 남아 있는 그날은 삼성전자의 스마트폰 전망에 대해 열띤 토론이 진행되던 날이다. 당시에는 스마트폰 시장이 초창기여서 애플과 모토로라가 시장을 양분하고 있었고, 삼성은 후발주자로 옴니아폰을 막 내놓은 때였다. 임직원 대부분은 2G폰을 썼지만 일부는 옴니아폰으로 교체해 사용했는데 오류가 자주 나고 인터넷 속도도 느렸던 탓에 과연 삼성전자가 스마트폰 시장의 후발주자로 성공할 수 있겠냐는 우려의 목소리가 컸다.

또 하나의 이슈는 당시 100만 원에 육박하는 스마트폰을 회사원이나 전문직이 아닌, 일반인도 과연 구매할 것인가에 대한 것이었다. 아직도 생생하게 기억나는 건 고가의 스마트폰을 전업주부나 학생, 퇴직자들이 사서 쓸 것인가에 대해 애널리스트 절반 이상이 회의적인 의견을 보였다는 것이다. 가정주부나 학생들이 그만큼의 돈을 지불하고 스마트폰을 구매할지에 대해 그 누구도 자신 있게 '그렇다'라고 예측하지 못했다.

그러나 불과 15년밖에 지나지 않은 지금, 당시의 회의가 무색할 만큼 스마트폰은 우리 생활의 일부가 되었다. 할머니, 할아버지와 초등학생 손주가 스마트폰으로 소셜미디어로 메시지를 주고받는 세상이 됐다. 국내 최고의 애널리스트들이 갑론을박 토론을 벌였지만, 당시에는 예측하지 못한 방향으로 미래는 펼쳐졌고 엄연한 현실이 됐다. 시대의 변화가 점점 빨라지고 있다. 아무리 그 분야의 전문가라 하더라도 자신 있게 미래를 예측하는 게 쉽지 않은 세상이 되었다.

● 미래를 살아갈 아이들에게 우리는 무엇을 가르쳐야 하는가

우리 아이들이 사회에 나가 활동할 20년 후 혹은 30년 후 미래 사회는 어떤 모습일까. 아무도 확실하게 예측할 수 없다. 그러나 분명한 건 앞으로의 20년, 30년은 우리가 지나온 시간들보다 훨씬 더 빠르게 변할 것이라는 점, 그리고 그 미래가 어떻게 펼쳐질지는 아무도 정확히 모른다는 점이다. 미래가 이렇게 펼쳐진다면 부모인 우리가 아이들에게 가르쳐야 할 것은 무엇일까.

이스라엘의 역사학자이자 전 세계적으로 베스트셀러가 된 《사피엔스》의 저자인 유발 하라리는 《21세기를 위한 21가지 제언》에서 오늘날 아이들이 배우는 것들이 2050년에는 별 소용 없을 가능성이 크다며 현재의 교육을 비판했다. 지식이나 정보를 아이들의 머릿속에 많이 넣는 것을 교육이라고 생각하는 방침에 일침을 가한 것이다. 대신 미래에 필요한 역량으로 '4C'를 제시했다. 4C란 비판적 사고(Critical Thinking), 의사소통(Communication), 협력(Collabortion), 창의성(Creativity)을 말한다.

그러나 지금 우리나라의 교육 시스템에서는 4C를 키우기가 어려워 보인다. 비판적인 사고를 배우기보다 교사의 말을 잘 듣고 출제자의 의도를 파악해 시험을 잘 보는 게 더 중요하다. 성적순으로 한 줄 세우기를 하는 입시 문화에서는 협력보다는 경쟁이 우선이다. 이러한 문화에서 아이들의 타고난 창의성은 말살되고 교사와 학생, 부모와 자녀는 서로 소통하기가 어렵다. 이것이 우리의 교육 현실이다.

2022년 11월, 대화형 인공지능 서비스인 챗GPT가 모습을 드러내면서 AI가 우리의 일상에 더 빠르게 다가오는 게 확인됐다. 단 몇 년 후조차 예측하기 쉽지 않은 시대다. 지금 우리가 안정적이라는 직업군들이 어느 순간 인공지능에 대체될 수도 있다. 현실이 이런데 부모들은 여전히 자신들이 공부해 온 방식이 유효하다고 착각하고 있는 건 아닐까. 그래서 자신들이 맞다고 생각하는 예전 방식대로, 어쩌면 더 혹독하게, 아이들을 좋은 대학에 보내기 위한 공부와 점수에만 목을 매고 있는 건 아닐까.

우리 아이들이 살아갈 2050년 이후의 세상은 지금과는 전혀 다른 세상일 것이다. 그때는 어떤 역량이 주목받을까. 인공지능 시대에 AI에 대체되지 않는, 인간만이 발휘할 수 있는 '그 무언가'를 발휘할 수 있어야 할 것이다. 그러한 역량은 교실 안에서는, 기존의 틀 안에서는 키워지기 어렵다. AI를 이길 힘에 대해 이제 이야기를 풀어 보려 한다.

놀이터에서 사는 아이들

"엄마, 놀이터 가자요~"

"어? 너희들 벌써 일어났어?"

"노이터~ 노이터~"

막 동이 트는 아침, 나를 흔들어 깨우는 작은 손길이 느껴진다. 아침 댓바람부터 놀이터에 나가자고 노래를 부르는 녀석들. 다섯 살, 세 살 아이들을 가정 보육하던 그때, 가장 듣기 무서웠던 말이 놀이터 가자는 말이었다. 아침을 간단히 먹고 물을 챙겨 놀이터로 나가면 아이들은 바지에 '실례'를 하지 않는 한 웬만해선 집에 가고 싶어 하지 않았다. 점심도 거르고 해가 질 때까지 놀았다. 30도가 넘는 더위에도, 영하로 떨어진 맹추위에도 끄떡없었다. 두 아이는 무더위를, 동장군을 이기며 놀았다. 비가 오면 비를 맞고 놀았고, 얼음이 얼면 얼음을 깨며 놀았다.

어린이집을 그만둔 후 아이들에게 남는 건 시간이었다. 학원이나 방문 학습지조차 하지 않으니 아이들은 시간을 '통'으로 쓸 수 있었다. 원하면 원하는 만큼 놀 수 있는 최상의 여건이었다. 한동안은 더 놀고 싶다는 아이들에게 "이제는 좀 들어가자! 밥 먹어야지!"라며 실랑이를 벌였다.

말이 한두 시간이지 뙤약볕에서 보초를 서는 엄마는 여간 힘든 게 아니다. 그게 끝이면 좋으련만 집에 가서도 일이 산더미다. 더러워진 옷을 벗겨서 빨고 흙먼지 묻은 아이들을 씻기고 점심을 부랴부랴 차려서 먹고 나면 어느새 쌓인 설거지까지 체력이 남아나질 않았다. 그런데 놀고 싶다는 아이들을 억지로 끌고 집에 가면 아이들은 가는 내내 더 놀고 싶다고, 배가 아직 안 고프다고 툴툴거렸다. 게다가 점심을 먹고 나면 밥 차려 주고 쓰러져 있는 나에게 해맑아진 얼굴로 다가와서 말했다.

"엄마~ 이제 밥 다 먹었으니 다시 놀이터 가자요."

이 넘치는 체력과 에너지, 아이들과의 30년 나이 차를 극복하기란 여간 힘든 게 아니었다. 그런데 다르게 생각해 보면 아이들이 원하는 게 뭐 특별하거나 거창한 것도 아니다. 집 앞 놀이터에 가자는 건데 그거 하나 못 들어줄까 싶었다. 이 얼마나 소박한 바람인가. 아이들의 에너지를 따라가지 못하는 엄마의 체력이 문제였다. 그때부터 나는 아이들과의 신경전을 포기하기로 했다. 간단한 주먹밥이나 간식을 싸 가서 중간중간 먹이며 끼니를 해결했다.

얼마나 재밌으면 배도 안 고플 정도로 놀고 싶을까. 아침에 나가서 해가 질 때까지 놀아도 더 놀고 싶다는 아이들을 보면서 나와는 다른 종족이구나 싶었다. 때론 외계인 같았다. 그렇게 노는 것도 하루 이틀이지 밥도 안 먹고 저러다 쓰러지는 게 아닌가 걱정이 되었다. 어떨 땐 화도 났다. 그러나 신기하게도 놀면 놀수록 아이들의 얼굴엔 생기가 돌았고 눈빛은 빛났다. 아이들의 조잘거림은 끝이 없었다.

⦿ 아이들에게는 놀이가 '밥'이다

편해문 놀이운동가는 아이들에겐 놀이가 '밥'이라고 말한다.* 아이들은 '놀기 위해' 세상에 온다고, 놀이는 아이들의 '목숨'과도 같다고. 정말 그랬다. 종일 노는 아이들을 내 눈으로 직접 목격하며 아이들에겐 '놀이가 밥'이라는 진리를 몸소 깨달았다. 몇 시간을 원 없이 뛰어놀고 난 후에야 두 아이는 배가 고프다고 했다. 그때 먹는 밥은 꿀맛이었을 것이다.

---

* 《아이들은 놀이가 밥이다》, 편해문 지음, 소나무, 2020

우리 집 남매는 놀이터 죽돌이 죽순이였다. 아침 식사 후 놀이터에 '출근'해 놓고 있으면 어린이집에서 일찍 하원하는 친구들이 놀고 있는 두 아이를 불렀다.

"얘들아, 나 왔어. 같이 놀자~"

"그래, 빨리 와. 성 만들고 있었어."

친구들과 모래놀이를 하고 있다 보면 하교하는 초등학생 형과 누나들이 나타났다. 그렇게 형이나 누나들과 놀다 보면 방과후 수업을 끝낸 친구들, 어린이집 종일반을 마친 동생들이 하나둘 모습을 드러냈다. 그냥 놀아도 재미있는 놀이터인데 노는 멤버까지 시간대별로 바뀌니 아이들에겐 금상첨화였다.

우리 집 남매는 더욱 시간 가는 줄 모르고 놀았다. 그렇게 놀다 보면 학원까지 하나 다녀온 후 다시 나온 친구들을 만나기도 했다. 그러면 그때까지 남아 있는 남매를 보고는 아직도 놀고 있냐며 놀라곤 했다. 그렇게 우리 아이들은 종일 놀이터를 지켰다. 아침이면 가장 먼저 등장해 친구들이 모두 사라진 밤이 되어서야 귀가하는 '놀이터 지킴이'였다.

종일 놀다 보면 지칠 만도 한데 지치기는커녕 노는 방식이 점점 진화했다. 축복이가 세 살이던 어느 날은 신발을 벗고 놀겠다고 했다. 처음에는 멈칫했지만 허락해 주었다. 그랬더니 비상용으로 가지고 간 '소변통'에 물을 받아 모래에 뿌리며 웅덩이를 만들었다고 좋아했다. 아이들 바지 아랫단은 젖어서 축축했고 옷 여기저기에는 모래가, 다리엔 흙이 다 묻었다. 그런 모습을 보며 처음에는 한숨만 나왔다. 그러나 일본의 유치원을 직접 취재해 엮은 책 《기적의 유치원》을 보며 내 생각은 완전히 바뀌었다.

● 발은 제2의 심장이다

일본의 세이시유치원은 자연 친화적이다. 발은 제2의 심장이라는 철학 아래 모든 아이가 맨발로 마당과 운동장을 걷고 뛴다. 교사는 매일 아침 아이들이 놀 진흙밭을 가꾸고, 아이들은 이곳에서 신나게 뒹굴며 논다. 거대한 모래사장에 물길을 만들고 모래성을 쌓기도 한다. 이 유치원 아이들은 어른들도 하기 힘든 마라톤 풀코스를 뛰며 후지산을 오른다고 한다. 그렇게 자연에서 흙과 함께 성장한 아이들은 졸업할 때 체력과 정신력이 몰라보게 성장해 있다는 데 놀라울 뿐이었다.

세이시유치원 아이들이 맨발로 노는 모습을 보면서 적잖은 충격을 받았다. 그런데 아이들이 진흙에서 뒹굴며 노는 모습을 보며 점점 부러워졌다. 그래, 저게 아이들 모습이지! 저런 게 제대로 노는 거지! 두 아이가 온몸으로 흙을 가지고 놀 때 '빨래 생각'에 한숨 쉬었던 때가 떠오르며 아이들에게 미안해졌다.

그날 이후 나는 아이들이 신발을 벗고 놀겠다면 흔쾌히 허락해 주었다. 아이들은 맨발로 뛰어놀며 즐거워했고 동네 어르신들은 "애들을 군대식으로 아주 씩씩하게 키우는구먼" 하며 웃으셨다. 다만 안면이 없는 동네 엄마들에게 우리 아이들은 '기피' 대상이 되었다. 천둥벌거숭이처럼 맨발로 뛰어다니는 남매를 보고 놀이터에 온 모든 아이가 자기들도 맨발로 놀겠다며 엄마에게 떼를 썼기 때문이다. 그러나 어느 순간, 우리 집 앞 놀이터는 아이들이 맨발로 노는 게 유행이 되었다.

⦂ 물과 흙, 아이들의 놀이에 빼놓을 수 없는 요소

세이시유치원을 안 이후 우리 아이들의 유치원을 정할 때도 이런 사항들이 기준이 되었다. 자연을 느낄 수 있고, 모래 놀이터가 있으며, 놀이를 중요하게 생각하는 유치원을 만나길 바랐다. 다행히 온갖 종류의 나무에 둘러싸여 있고, 아이들이 직접 텃밭을 가꾸는 유치원을 만났다. 심지어 유치원 친구들이 매일 놀 수 있게 아침마다 고운 흙을 준비해 주는 곳이었다. 우리 아이들은 집 앞 놀이터뿐 아니라 유치원에서도 매일 모래놀이를 했다. 연신 물을 떠다가 나르며 아래는 웅덩이, 위에는 다리를 올리기도 하고 아기자기한 케이크를 만들기도 했다. 그런 이유로 나는 집 앞의 영어 유치원 대신 매일 왕복 30분이 넘는 유치원으로 아이들의 등하원을 자처했다.

독일에서도 모래가 없는 놀이터는 찾아볼 수 없을 정도로 '물과 흙'을 놀이의 중요 요소로 생각한다.* 실제로도 물과 흙만 있으면 아이들은 종일 놀아도 지루해하지 않는다. 그래서 요즘 짓는 강남 재건축 아파트들의 놀이터를 보면 안타깝다. 화려한 겉모습에만 치우쳐 정작 아이들에게 필요한 것을 놓치고 있는 것 같다. 철봉이나 정글짐이 있는 모래 놀이터가 점점 사라지고 있다. 놀이터를 이용하는 사람은 아이들인데 정작 아이들의 의견은 반영하지 않고 어른의 시선으로 놀이터를 짓고 있다는 게 참 유감스럽다.

독일이나 네덜란드, 오스트레일리아, 일본 등은 놀이터를 구상하고 설계하는 데 아이들이 참여한다. 아이들은 자신들이 놀 공간의 '진짜 주인'이 되어 놀이기구의 종류와 위치 등에 대해 의견을 낼 수 있다. 다행히 우리나라에서도 이런 시도가 조금씩 이뤄지고 있다. 아이들의 의견을 반영해 만들어진 전라남도 순천의 '기적의 놀이터'가 그 결과물이다.

국제구호단체인 세이브더칠드런(Save the Children) 역시 아이들과 함께 놀이터를 만들었는데 서울 송파구의 '용마 어린이공원'이 100번째 작품이다.** 아이들은 기존 놀이터의 아쉬운 점들을 직

---

* 《놀이의 힘》, EBS 놀이의 힘 제작진 지음, 성안당, 2020
** https://play.sc.or.kr/main/main.html

접 찾아보고 원하는 놀이터를 입체모형으로 만들어 발표했다. 그 결과 이전 놀이터는 아이들과 지역 주민들의 의견이 반영된 새로운 공간으로 탈바꿈했다.

⦂ 미래에 필요한 역량을 키울 수 있는 곳

아이들의 '밥'과도 같은 놀이의 터전, 놀이터. 어른의 시선에서는 별것 아닌 것 같은 그 공간이 아이들에게는 또 다른 세계이자 우주다. 놀이터에서 종일 노는 아이들을 보며 유발 하라리뿐 아니라 미래학자들이 말하는 미래 사회에 필요한 자질, 4C를 키울 수 있는 곳은 다름 아닌 놀이터라는 것을 깨달았다.

모래로 무엇을 만들며 놀까 고민하는 과정에서 창의성이 샘솟고, 친구들과 모래로 다리를 만들고 저수지를 만드는 과정에서 협동심이 발휘된다. 의견이 다른 상대를 설득하는 과정에서 비판적 사고를 하게 되고, 무슨 놀이를 할지 서로 이야기를 주고받는 과정에서 소통 능력이 발전한다.

우리 아이들에게 놀이터를 돌려주자. 마음껏 놀 수 있는 시간도 허용하자. 그것이 다름 아닌 인공지능 시대에 미래형 인재를 키우는 길이다.

자연은 인류 최고의 스승

아이들과 함께 있을 때 나는 자주 자연으로 나갔다. 아파트의 낮은 천장 대신 높고 푸른 하늘을 보러 나갔고, 아스팔트 바닥 대신 함께 흙을 밟았다. 바람이 살결을 스칠 때의 온도와 나뭇잎 색의 변화를 통해 아이들과 함께 계절의 변화를 느꼈다.

"엄마, 이것 좀 보세요!"

"어머, 이건 뭐야?"

"공벌레요. 그런데 제가 이렇게 만지면 진짜 공처럼 변해요. 정말이지요?"

"만지니까 동그랗게 몸을 마는구나. 정말 신기하다!"

● 자연은 '배움의 장' 그 자체

말문이 트인 축복이와 이제 막 말을 시작한 사랑이는 집 근처 숲길에서 엄마에게 쉴 새 없이 조잘거렸다. 줄지어 가는 개미들의 움직임이 신기한 듯 쪼그리고 앉아 관찰하고, 살랑살랑 날아다니는 나비를 발견하면 손에 닿을세라 쫓아가기도 했다. 아이들은 숲길에서 스스로 놀이를 만들어 냈다. 얇은 나무막대기를 켜켜이 쌓아 올리더니 '새 둥지'를 만들었다며 보여 주고, 흙바닥을 넓은 스케치북 삼아 새와 동물들의 집이라며 '설계도'를 그리기도 했다. 나뭇잎 위에 작은 열매들을 올려놓고 자기들끼리 소꿉놀이를 하다 "엄마, 이거 드셔 보세요"라며 시식을 권하기도 했다.

숲길의 나무막대기와 돌멩이, 떨어진 나뭇잎은 모두 아이들의 '천연 장난감'이었다. 그리고 하늘을 볼 수 있고, 바람을 느낄 수 있고, 새소리를 들을 수 있는 그곳은 아이들에게 배움의 장 그 자체였다.

루소의 《에밀》이 아니었다면 나 역시 자연의 중요성을 알지 못했을 것이다. 평생 도시에서 살았던 내게 자연이란 소풍 가듯 가끔 바람 쐬러 가는 곳 그 이상도 이하도 아니었다. 도시에 살며 도시 중심의 사고방식에 젖어 있다 보니 자연은 개발이 안 된 곳이자 청정 지역이지만 살기 불편한 곳, 낙후된 곳이라는 인식이 무의식적으로 자리하고 있었다. 그러나 아니었다. 자연은 모든 것의 시초이자 근원이었다. 모든 것을 품어 주는 드넓은 어머니의 품과 같은 곳이 자연이었다. 그 어떤 비교도 분별도 없는 곳, 모든 존재를 있는 그대로 인정해 주고 바라봐 주는 곳이 자연의 품이었다.

드넓은 벌판이나 숲속 혹은 탁 트인 바닷가 등 자연에서만 느낄 수 있는 편안함이 있다. 왠지 모를 안도감 같은 것 말이다. 도심에서는 그런 느낌을 찾기 어렵다. 강남 테헤란로의 빌딩 숲, 대규모 재건축 아파트 단지들 사이에는 왠지 모를 긴장감이 녹아 있다. 보이지 않는 경쟁과 비교, 시기, 질투 등이 녹아 있는 곳이 강남의 도시 한복판이 아닐까. 그래서 루소 역시 《에밀》에서 '도시는 인류의 무덤'이라고 표현한 것 같다.

비교와 분별이 없는, 그 무엇도 평가하고 판단하지 않는, 어머니 대자연의 품속에서 아이들을 키우고 싶었다. 도심에 살지만 되도록 아이들에게 자연을 만나게 해 주고 싶었다. 그래서 아이들이 원하면 낮이든 밤이든 집 앞 산책로나 공원을 찾았다.

● 매미 탈피를 눈앞에서 목격한 아이들

매미 소리가 우렁찬 한여름의 어느 날이었다. 아침을 먹고 집 앞 공원에 나갔는데 나무 기둥에 무언가 붙어 있었다. 자세히 보니 매미가 탈피하고 남은 허물이었다. 아이들은 신기해하며 매미 허물을 찾으러 '출동'했고, 이내 찾았다며 흥분 상태로 나에게 달려왔다. 등 부분이 갈라져 있는 허물을 살펴보니 더듬이 두 개, 다리 여섯 개가 고스란히 남아 있었다. 아이들은 허물을 관찰하며 여기에서 어떻게 매미가 나오는지 궁금해했다. 또 매미 허물을 발로 밟으며 '바스락'거리는 소리를 재미있어했다.

한참 매미 허물을 가지고 놀다가 집으로 왔다. 점심을 차리는 동안 아이들에게 매미에 관한 책을 꺼내 주었다. 밖에서 매미 허물을 보았던 터라 아이들은 책도 집중해서 보았다. 함께 책을 살펴보면서 매미의 애벌레(유충)는 주로 밤에 땅에서 나와 탈피한다는 사실을 알게 됐다. 그 허물에 매달려 몸과 날개를 말리고 날아간다는 것도 말이다.

두 아이는 책에서 알게 된 지식을 직접 보고 싶다고 노래를 불렀다. 깜깜한 밤이 될 때까지 기다렸다가 우리는 다시 집 앞 공원으로 나갔다. 가로등 불빛 외에는 칠흑같이 어두운 한여름 밤, 우리는 눈을 크게 뜨고 탈피 중인 매미를 찾았다.

"엄마~ 와 보세요! 찾았어요!"

어둠을 가르는 축복이의 기쁨과 놀라움에 가득 찬 목소리. 희열에 가득 찬 목소리였다. 사랑이와 함께 달려가 보았다. 매미는 갓 탈피한 모습이었다. 몸은 연녹색에 날개는 하얀 듯 거의 투명했고 자신의 허물에 매달려 있었다. 탈피 직후 몸과 날개를 말리는 것 같았다. 책에서 본 사진과 똑같았다! 우리는 이 경이로운 모습에서 눈을 떼지 못했다.

한참을 관찰하다 주위를 둘러보니 어떤 매미 유충은 탈피할 나무를 찾지 못했는지 바닥을 기어가다가 모래 쪽에서 허우적대고 있었다. 5년 넘게 땅속에 있었을 터인데 저러다 죽으면 어쩌나 걱정스러웠다. 다행히 근처 나뭇가지에 자리를 잡고 탈피를 시도했다.

아무도 없는 깜깜한 밤에 매미가 탈피하는 모습을 본 두 녀석은 흥분을 가라앉히지 못했다. 집에 들어오면서 내일 또 보러 가자며 파브르 못지않은 곤충 관찰에 대한 열의를 보였다.

다음 날 아침, 아이들은 눈 뜨기가 무섭게 매미를 보러 나갔다. 매미 허물이 있는 주변 땅을 살펴보다가 바닥에 난 구멍 여러 개가 눈에 들어왔다. 지름 3~4cm 되는 이 구멍은 매미 애벌레가 밤에 뚫고 나온 흔적이었다. 한여름에만 볼 수 있는 귀한 광경이다. 그전엔 관심도 없었는데 아이들 덕에 엄마도 이렇게 배우는구나 싶었다.

사실 처음에는 매미 허물이며 탈피하는 모습에 선뜻 다가가기 어려웠다. 자연의 신비고 뭐고 솔직히 징그러웠다. 그런데 내가 징그럽다고 말하는 순간, 아이들에게 알게 모르게 내 판단이 주입될 것 같았다. 그래서 징그럽다고, 보기 싫다고 말하고 싶은 걸 애써 참았다. 아이들이 보고 느끼는 것에 대해 내가 말로써 그 어떤 판단도 분별도 하지 않으면 아이들은 무엇이든 그 자체로 받아들였다. 공벌레도, 지렁이도, 쥐며느리도 징그럽고 더러운 것이 아닌 생명 그 자체로 인식했다. 그래서인지 두 아이는 궁금한 게 있으면 그때나 지금이나 직접 만져 보고 들여다보며 오감으로 자연과 교감한다. 그리고 그 안에서 스스로 배워 나간다.

창의력 분야의 노벨상으로 불리는 토런스상을 수상한 윌리엄 메리대학의 김경희 교수는 《틀 밖에서 놀게 하라》에서 창의력이 높은 미래 인재를 키우려면 아이들에게 자연에 대한 호기심을 길러 주어야 한다고 했다. 자연을 이해하고 자연과 친해지는 과정을 통해 아이들은 탐구심을 키우고 타고난 호기심을 유지할 수 있다고 말이다.

● 꼬마 도시농부가 배운 자연의 가르침

자연은 우리와 깊이 연결되어 있다. 둘로 나눠 따로 떼어 놓고 생각하기 어렵다. 그럼에도 문명이 발달하면서 인간은 자연을 마음대로 개발하고 주무를 수 있는 무언가라고 생각하는 것 같다.

난 아이들이 자연의 소중함을 알기 바랐다. 어린 시절, 자연의 품 안에서 마음껏 뛰어놀며 스스로 배울 수 있는 환경을 선물해 주고 싶었다. 그러나 강남 한복판에서는 그게 어려웠다. 외곽으로의 이사도 고려해 보았지만, 남편 직장 문제로 쉽지 않았다. 때마침 구청에서 텃밭을 주민들에게 분양한다는 정보를 알게 되었다. 나는 망설임 없이 신청했다. 집에서 15분 정도 떨어진 산 아래에 펼쳐진 밭이었다. 우리는 그렇게 도시농부가 되었다.

늘 밥을 먹고 감자, 토마토, 오이, 호박 등 채소를 먹으면서도 그 것들이 어떻게 자라는지 궁금했던 적이 없다. 부끄럽게도 '당연히 주어지는 것'이라고 생각하며 살았는지도 모르겠다. 미약하게나마 농사를 지어 보니 쌀 한 톨에 얼마나 많은 정성과 노력이 들어가는지 알 수 있었다. 그 쌀 한 톨이 만들어지기까지 얼마나 많은 태양 빛과 바람과 비가 도움을 주었을지, 자연이 우리에게 베풀어 주는 무한한 사랑에 감사하는 마음이 절로 들었다.

아이들은 자기가 심은 씨앗이나 모종에 애정을 쏟았다. 며칠마다 한 번씩 텃밭에 가서 물을 주자고 했고 "사랑해", "축복해"라고 말해 주기도 했다. 바람이 심하게 불거나 비가 많이 오는 날에는 우리 채소들이 혹시나 쓰러지지 않을까 걱정도 했다. 아이들은 농사를 지으면서 식탁 위에 올라오는 반찬과 음식들이 당연한 게 아니라 정말 귀하고 감사한 것이라는 사실을 스스로 느끼고 깨달아 갔다.

그리고 기다리는 법도 배웠다. 한 알의 씨앗이 자신만의 때에 움이 트고 싹이 나오려면 곁에서 사랑을 주며 우직하게 기다려야 했다. 또 모든 생명은 다 다르며 그 자체로 귀하다는 것도 배웠다. 아주 작은 씨앗이지만 색깔도 모양도, 그 안에 품고 있는 생명의 모습도 다 달랐다. 자연의 품 안에서 우리는 어떤 씨앗이 더 예쁘고 귀한지 판단하고 분별하지 않았다. 그 자체로 모두 소중했다.

아무 말을 하지 않았지만, 자연은 우리에게 많은 것을 일깨워 주었다. 도심 속 아스팔트 위에서는, 답답한 교실 안에서는 결코 배울 수 없는 것들이었다. 감사, 풍요, 호기심, 탐구심, 분별하지 않는 마음, 겸손함. 이러한 정신적 가치들은 AI가 결코 대체할 수 없는 것들이다. 자연 안에 머무르며 우리는 이런 것들을 느끼고 배웠다. 루소의 말대로 자연은 인류 최고의 스승이다.

장난감은 사는 게 아니라 만드는 것

축복이가 어릴 때 텔레비전에서 방송하는 만화 프로그램을 보여 줬다. 만화 앞뒤에는 항상 광고가 나왔고 축복이는 광고 속 장난감을 사고 싶어 했다. 설상가상으로 마트에 가면 광고에 나오는 장난감들이 즐비했다. 그렇게 하나둘 자신이 좋아하는 장난감을 모았다. 문제는 그 흥미가 오래가지 않는다는 데 있었다. 변신 로봇의 종류는 왜 이리도 많은지 축복이는 로봇 장난감을 가지고 놀다가 새로운 버전이 나오면 또 갖고 싶어 했다. 그렇다고 그때마다 계속 사 줄 수는 없는 노릇이었다. 그런데 가정 보육을 하며 아이들을 관찰한 결과, 아이들에겐 '장난감'이라고 이름 붙인 것들이 의외로 많이 필요 없다는 걸 알게 됐다.

● 아이들에겐 모든 것이 장난감이 될 수 있다

다섯 살, 세 살 아이에겐 집 안의 위험하지 않은 모든 것이 장난감이 될 수 있었다. 깨지지 않는 주방 용기, 재활용 플라스틱병, 빈 상자가 모두 장난감이었다. 장난감이라는 개념을 어른들은 협소하게 생각하지만, 아이들에게 장난감은 완전히 다른 것이었다.

오빠보다 장난감이 별로 없는 환경에서 자란 사랑이는 기고 걸으면서 자기 손에 닿는 물건들에 모두 관심을 보였다. 식탁 아래 무심코 떨어진 플라스틱 병뚜껑 하나만으로도 한참을 탐색하며 놀았다. 손으로 만져 보며 감촉을 느껴 보고, 입에도 가져가 얼마나 단단한지 깨물어 보고, 바닥에 떨어뜨려 굴려 보면서 놀았다. 이 아이에겐 그 작은 병뚜껑이 신기한 장난감 그 자체였다.

첫아이를 낳은 직후에 나 역시 '초보' 엄마로서 장난감을 따로 마련해야 한다고 생각했다. 그러나 그건 아이에 대한 이해가 부족했기 때문이었다. 형형색색의 장난감에 익숙해지면 병뚜껑 같은 건 아이 눈에 잘 안 들어온다. 노래가 나오고 저절로 움직이는 장난감을 일찍 접하면 일상의 물건이 시시하게 느껴진다. 장난감이 집에 쌓여 있는데도 요즘 아이들은 지루해하고 심심해한다. 아주 어릴 때부터 최신 기능을 탑재한 장난감이나 게임기를 접해 왔기에 그것보다 더 신기하고 새로워야 눈길이 가는 것이다. 우리의 뇌는 계속해서 새로운 자극을 원한다. 그러므로 아이들에게 일찍부터 신기한 장난감을 사 주는 것에는 신중해져야 한다.

● 장난감을 직접 만들어 노는 아이들

그런데 더 이상 장난감을 사 주지 않자 재미있는 일이 일어났다. 아이들이 스스로 장난감을 '만들어' 놀기 시작한 것이다. 우리 집 재활용 쓰레기통은 '문구점'이 되었다. 장난감을 만들 최고의 재료들을 공수할 수 있어서다. 두루마리 휴지심으로 망원경을 만들어 놀았고, 깨끗이 닦은 우유갑으로 연필꽂이를 만들기도 했다. 플라스틱 통으로 보석함을, 요구르트병을 꾸며 장식품을 만들기도 했다. 택배 상자는 아이들에게 최고의 재료였다. 상자를 꾸민 후 자신들의 집이라며 들어가 놀았고, 여러 개를 이어 붙여 자동차라며 타고 다니기도 했다.

어느 날, 축복이가 재활용 쓰레기통에서 공수한 스티로폼 접시에 고무줄 두 개를 끼워 무언가를 만들었다.

"엄마, 제가 악기를 만들었어요."

"어, 무슨 악기야?"

"이건 고무줄을 끼워 만든 악기예요. 가야금처럼요."

"어머나, 현악기를 만들었구나. 정말 기발하다. 우리나라에 해금이라는 현악기가 있는데, 이것처럼 두 줄로 된 악기야."

일곱 살 축복이는 해금이라는 악기가 있다는 사실이 내심 기분 좋았는지 '자신이 만든 악기'의 고무줄을 퉁기며 콧노래를 불렀다. 아이러니하게도 장난감을 없애니 아이들은 놀거리를 스스로 찾았다. 그리고 기발하고 창의적인 방법으로 장난감을 만들었다.

이때부터 축복이의 종이접기 사랑도 시작됐다. 서점에서 우연히 본 종이접기 책이 계기가 되었다. 책을 열심히 들여다보며 종이접기를 하다가 잘되지 않는 부분이 있으면 나와 남편까지 가담해 함께 고민했다. 그렇게 축복이는 매일 새로운 작품을 만들었다. 작은 손으로 꼭꼭 접어 만든 팽이를 가지고 축복이는 내게 팽이 시합을 신청했다. 수십 개가 넘는 팽이 중 원하는 것을 골라서 시합을 했고 토너먼트 방식으로 우승자를 가렸다.

또 어느 날은 개구리만 수십 개를 접더니 '개구리 올림픽'을 열자고 제안했다. 종이 개구리 위에 사인펜으로 무늬를 그리기도 하고 표정 스티커를 붙이기도 했다. 그렇게 만든 개구리를 색깔별로, 크기별로, 무늬별로 분류하고 이름도 붙여 주고 팀 이름도 정했다. 개구리 올림픽의 종목은 멀리뛰기와 높이뛰기였다. 선을 그어 멀리 뛴 개구리가 멀리뛰기 시합에서 우승했고, 레고로 탑을 쌓아 단계별로 잘 넘은 개구리가 높이뛰기에서 우승을 차지했다. 2021년 도쿄 올림픽이 열리고 있을 때, 우리 집에서는 개구리올림픽이 열리고 있었다.

20세기를 대표하는 입체파 화가 피카소는 "모든 아이는 예술가다. 다만 문제는 그들이 성장하면서도 여전히 예술가로 남아 있는가 하는 것"이라고 했다. 아이들은 장난감을 스스로 만들어 놀면서 매일 똑같은 일상을 예술로 만들고 있었다.

● '소비자'가 아닌 '생산자'로서의 경험

그러던 어느 날이었다. 축복이가 자신의 종이접기 작품들을 직접 팔아보고 싶다고 했다. 종이접기로 장난감을 만들어 노는 모습을 보고 창의적이다, 기발하다는 생각이 들어 칭찬한 적은 많지만, 막상 '장사'를 하겠다고 하니 당황스러웠다. 애써 태연한 모습을 보이며 어떻게 팔 것인지, 무엇을 팔 것인지 물어보았다. 그랬더니 축복이는 늘 노는 놀이터에서 친구나 친구 엄마에게 혹은 지나가는 사람들에게 팔 거라고 했다. 그러고는 상품이 될 만한 작품을 골라 들고 야심 차게 놀이터로 나갔다. 먼저 나무 벤치에 작품들을 진열하고 친한 동생들에게 말했다.

"이거 오빠가 만든 건데 한번 볼래? 말하는 새, 대검, 팽이야. 마음에 드는 거 골라 봐."

"예쁘다. 얼마야?"

"1,000원."

가격을 들은 여섯 살 동생들은 돈이 없다고 가 버렸다. 그러자 이번엔 초등학생 형들에게 '영업'을 했다.

"형, 이기 내가 만든 건데 와서 봐 봐."

"이거 나도 다 만들 수 있는 것들인데?"

초등학생 형들에겐 시시한 상품이었다. 동생들과 형들에게 모두 거절당한 축복이는 벤치에 앉아 고민하는 듯 보였다. 나는 혹여나 아이가 속상해하진 않을까 싶어 물었다.

"동생들은 비싸다고 하고 형들은 다 접을 줄 아는 거라네. 전략을 좀 바꿔야 하나? 아니면 값을 10원으로 확 낮춰야 하나?"

그렇게 고민하는 순간, 친한 형의 어머니가 벤치로 다가오셨다.

"안녕하세요. 종이접기 판매하고 있어요!"

아는 어른이 오자 신나게 '호객행위'를 하는 아들. 늘 아이들의 장점을 말해 주시던 그분은 축복이가 대단하다며 작품 하나를 500원에 사 주셨다. 그렇게 축복이는 자신의 첫 작품을 팔았다.

첫 판매에 자신감이 붙은 축복이는 손님들이 구경 오면 자세하게 설명을 해 주었고, 그 덕분에 지나가는 아이들도 뭐 하는 거냐며 관심을 보였다. 가장 친한 친구 하나는 엄마와 구경 와서 말하는 새를 구매했다. 축복이는 이날 총 1,500원을 벌었다. 신이 난 축복이는 친구들에게 번 돈으로 같이 간식 먹으러 가자며 편의점으로 향했다. 축복이는 자신이 번 돈으로 먹고 싶은 걸 샀고, 난 작품을 사 준 친구들이 고마워 음료수를 사 주었다.

⚬ 대체되지 않는, 인생의 주인이 되어라

세계에서 가장 영향력 있는 작가로 손꼽히는 세스 고딘은 책 《린치핀》에서 쉽게 갈아 끼울 수 있는 부품이 아니라 그 누구도 대체할 수 없는 '린치핀(Linchpin)'이 되라고 말한다. 자기 삶의 예술가가 되라고 말이다. 그는 예술가는 무엇에도 도전할 수 있는 용기, 통찰, 창조성, 대담성을 지닌 사람들이며, 삶에 영원한 차이를 만들어 낸다고 했다. 장난감을 스스로 만들며 '소비자'가 아닌 '생산자' 입장에 서 본 축복이. 생각지도 못한 아이디어에 당황스러울 때도 있었지만 이 모든 시간은 아이가 스스로 자신의 삶을 예술적으로 창조했던 소중한 경험이었다.

자기 생각 없이 남들 하는 대로 따라가는 삶은 그 누구에게도 대체되기 쉬운, 기계 부품 같은 삶일지 모른다. 인공지능 시대에 '린치핀'으로 살아가려면 자기 내면에서 피어오르는 영감을 주저 없이 표현하고 도전할 수 있는 용기, 남들과 다르게 생각할 수 있는 힘이 필요하다. 아이들이 만들고 표현하는 것들이 어른인 우리 눈엔 중요하지 않아 보여도 그 과정에서 아이들은 인공지능 시대에 살아남을 수 있는 내면의 힘을 기르고 있는 건지도 모른다.

놀이는 교육의 또 다른 이름이다

두 아이는 장난감 없이 지내며 매 순간 창의적인 발상으로 놀이를 만들어 냈다. 물질적으로 풍요로운 시대, 결핍이라는 건 경험해 보지 못한 아이들과 함께 '자발적 결핍'을 선택한 결과였다. 아이들의 기발함을 보고 듣는 건 무척 즐거운 일이었다. 그러나 그와 동시에 늘어나는 집안일은 나에게 큰 숙제였다.

● 집은 우리들만의 놀이터

하루가 다르게 아이들이 창작열을 불태우는 바람에 집 안은 연일 '예술 작품'들로 넘쳐 났다. 종이접기 작품은 정리함에 다 담을 수 없을 정도로 늘어났고, 박스를 이어 붙인 자동차, 아지트라고 만들어 놓은 상자 집, 재활용품으로 만든 로봇 등은 거실 중앙을 떡하니 차지하고 있었다.

폐휴지로 만든 각종 장난감은 크기도 들쭉날쭉해 정리조차 어려웠다. 가뜩이나 치워도 티가 안 나는 게 청소요 집안일인데 아이들의 창작품이 매일같이 출시되니 집 안 꼴은 늘 말이 아니었다. 아이들 식사 준비며 빨래에 매일같이 쌓이는 설거지까지 한숨만 나왔다. 그때 큰 위로를 준 사람은 가수 이적의 어머니이자 세 아들을 모두 서울대에 보낸 여성학자 박혜란 선생이었다.

그녀는 《믿는 만큼 자라는 아이들》에서 "하루에 대여섯 번씩 치워도 쓰레기통이고 안 치워도 쓰레기통이라면 차라리 후자를 택하기로 했다. 남들 눈에는 쓰레기통이어도 우리에게는 놀이터였다"라고 당시를 회고했다. 그리고 다음의 한 구절은 나에게 무엇과도 바꿀 수 없는 해방감을 선사했다.

집이 당신을 위해 존재하는 거지, 당신이 집을 위해 존재하는 것이 아닙니다. 아이들의 상상력을 키워 주려면 너무 쓸고 닦고 하지 마십시오.*

---

* 《믿는 만큼 자라는 아이들》, 박혜란 지음, 나무를심는사람들, 2019

그때부터 우리 집은 우리만의 놀이터가 되었다. 아이들도 더욱 자유로이 창작 활동에 매진할 수 있었다. 그러다가도 아이들은 엄마 뭐하냐며 쪼르르 내게 달려왔다. 두 아이 모두 아직은 엄마가 가장 좋을 때였다.

문제는 엄마를 그냥 좋아만 해 주면 되는데 엄마가 하는 것을 매사에 '같이'하고 싶어 한다는 것이었다. 내가 설거지를 하고 있으면 같이하자며 소매를 걷어붙였고, 빨래를 널고 있으면 어디선가 "나도! 나도!" 하며 달려왔다. 식사 준비를 하고 있으면 내 옆에 어느새 붙어 있었다. 아이들은 '따라 배우는 게 특징'이라던데, 정말 그랬다. 엄마가 하는 건 모두 따라 하고 싶어 했다.

아이들을 쉽게 키우는 방법은 많았다. 각종 미디어와 게임 산업이 발전한 현대 사회에서 첨단 산업의 힘을 빌리면 나도 덜 힘들 수 있었다. 그러나 어린아이들에겐 아날로그적인 문화가 더 유익할 것 같았다. 미디어나 게임 속 세상보다 느리고 서툴더라도 직접 오감으로 느끼고 경험해 보는 게 더 중요한 시기라 생각했다. 실수도, 실패도, 몸으로 부딪치며 해 보는 것이 나중에 큰 자산이 될 거라 여겼다. 엄마의 일거리가 많아지긴 했지만, 이 또한 '한때'라고 생각하니 마음이 편했다. 엄마를 가장 좋아하며 찾는 '유효 기간'도 분명 있을 거라 생각했다.

● 엄마와 함께하는 모든 과정이 아이들에게는 배움이다

전복을 다듬고 있던 어느 날. 역시나 축복이는 엄마를 찾았다.

"엄마, 뭐 해요?"

"전복죽 해 주려고 손질하고 있었어."

"우와! 저도 해 볼래요."

"뭐야, 오빠 뭐 할 거야? 엄마, 나도 할래!"

혼자 해도 성가신 전복 손질인데 두 아이까지 가세했다. '아이들과 같이 전복을 다듬고 나면 전복죽은 언제 해 먹나' 머릿속이 하얘졌다. 그래도 호기심 가득한 아이들의 해맑은 모습에 안 된다며 찬물을 끼얹을 수는 없었다. 귀찮긴 했지만, 이때를 아이들이 배울 기회로 삼자고 생각했다. 아이들에게 전복과 솔을 하나씩 쥐여 주고 전복의 까만 부분을 박박 닦으라고 설명해 줬다.

"엄마, 전복이 점점 하얘지네요!"

"깨끗이 잘 닦았네. 그다음엔 숟가락으로 이렇게 전복 살을 떼어 내는 거야."

"잘 안되네. 이건 너무 힘들어요. 도와주세요."

"이렇게 떼어 내고 나면 전복 이빨을 제거해야 하거든?"

"전복도 이빨이 있어요?"

"이렇게 잘라서 쏙 빼면 여기 뾰족한 이빨 보이지?"

"와! 신기하다. 오빠, 이거 봐 봐! 이게 전복 이빨이래!"

전복 이빨만 봐도 이렇게 좋아하다니 아이들의 모습에 절로 웃음이 났다. 아이들은 전복 이빨을 따로 분리해서 한참을 관찰했다. 오징어를 다듬을 때도 남매는 내 옆에 서서 오징어 다리가 몇 개인지 세어 보고, 오징어 먹물이 어디에서 나오는지도 살펴보았다. 미끌미끌한 오징어를 주무르며 껍질을 벗겨 보기도 하고, 오징어 이빨을 제거할 때도 신기한 듯 직접 만져 보았다.

아이들과 함께하는 시간 동안 두 아이는 엄마와 있어 행복했고, 나는 '어린이'라는 존재에 대해 더 깊이 느끼고 배울 수 있어 감사했다. 아이들은 루소의 말대로 '작은 어른'이 아니었다. 세상을 경험하는 방식도, 배워 가는 방식도 어른인 우리와 달랐다. 자신들만의 '속도'와 '방식'이 있었다. 결과를 중시하는 우리 사회의 문화에 젖어 어느덧 그것을 당연하게 생각하게 된 내게 아이들은 배움의 '결과'가 아니라 모든 '과정'이 얼마나 중요한지 알게 해 주었다. 그 과정을 온몸으로 즐기는 것은 아이들이 자신의 삶을 '스스로 배워 가는 방식'이기도 했다.

● 부엌과 목욕탕에서 키워지는 과학적 호기심

두 녀석이 목욕놀이를 한다며 옷을 홀랑 벗고 화장실로 들어갔다. 욕조에 물을 가득 부어 놓고는 잠수 대결을 하기도 하고, 컵을 가져와 비누 거품을 올리고 "음료수 사세요"라며 카페놀이를 하기도 했다. 그러다 하도 조용해 화장실 문을 열어 보니 축복이 는 예전 여행 때 썼던 스노쿨링 장비를 꺼내서 착용하고 있었다. 그 모습이 웃겨서 뭐 하느냐고 물으니 욕조에 장난감을 넣어 놓고 '스쿠버다이빙 놀이'를 한다고 했다.

어릴 때 읽은 앤서니 브라운의 《꿈꾸는 윌리》에 나오는 한 장면을 따라 하는 것이었다. 산소통만 없을 뿐 주인공 윌리가 스쿠버다이빙하는 모습과 똑같았다. 옆에서 사랑이는 구명조끼를 입은 채 지금 바다에서 수영하고 있다며 해맑게 웃고 있었다. "오빠, 뜨거운 물이 너무 많아서 거울이 뿌옇게 되었어", "그건 뜨거운 물이 수증기가 되어서 그래"라며 서로 아는 과학적 지식을 나누기도 했다.

부엌 정리를 하던 날이었다. 두 아이가 비닐봉지를 좀 달라고 했다. 어디에 쓸 생각이냐고 물으니 '실험'을 한다고 했다. 부엌 정리를 한 다음 빨래를 넣고 와 보니 아이들은 비닐봉지에 각자 발을 넣고는 윗부분을 고무줄로 묶어 신발처럼 고정하고 있었다. 그러더니 스케이트를 탄다며 거실을 미끄러지듯 누비고 다녔다. 무슨 실험을 하는지 물어 보니, 큰아이가 마찰력 실험을 하는 중이라며 발에 비닐을 씌우면 마찰력이 줄어들어 집에서도 스케이트를 탈 수 있다고 대답했다.

또 어느 날은 택배 박스 속 드라이아이스를 보더니 실험을 한다고 가져갔다. 아이들은 드라이아이스를 담은 그릇에 뜨거운 물을 붓고 분수처럼 뿜어져 나오는 수증기를 관찰했다.

"엄마, 드라이아이스는 이산화탄소를 얼린 거예요."

"드라이아이스가 이산화탄소를 얼린 거라면 드라이아이스 녹인 물은 어떤 맛이 날까?"

우리는 즉석에서 드라이아이스 녹인 물을 살짝 입에 대 보았다. 그랬더니 탄산수와 맛이 비슷했다.

"탄산은 물에 이산화탄소를 녹인 거라서 그런 거 같아요."

여덟 살 축복이의 답을 듣는 순간, '아이들은 놀면서 배운다'는 교육서에나 나올 법한 진부한 그 말이 사실임을 알게 되었다. 엄마와 매일 집에서 놀고만 있는 것 같아도 아이들은 엄마와 함께한 그 시간 속에서 우리가 생각하는 것 이상을 배우고 있었다. 부엌에서 바다생물들을 만날 때도, 욕조에서 목욕놀이를 할 때도, 어설픈 실험을 한다고 이것저것 시도해 볼 때도, 어른 눈에는 노는 것같이 보여도 아니었다. 아이들은 무언가를 배우고 있었다.

● 아이들에게 배움이란 무엇일까?

가끔 아직 어린 아이들에게 배움의 목적은 무엇인지 생각해 본다. 영어나 수학 등 초등학교와 중학교에 가면 배우는 과목들을 앞당겨 아이들 머릿속에 집어넣는 게 아이들을 위한 교육일까. 너나 할 것 없이 똑똑한 아이를 만드는 것이 교육의 목표인 것만 같은 지금의 분위기에서 아이들의 '학습'은 대여섯 살 때부터 시작된다. 존 로크가 말한 대로 아이들의 천부적 권리인 '놀이'의 가치가 너무 평가절하된 건 아닐까. 아이들에게 '놀이'가 없이는 배움도 없는데 말이다.

《어린 왕자》의 작가 생텍쥐페리는 이런 말을 했다. "당신이 배를 만들고 싶다면, 사람들에게 목재를 가져오게 하고 일을 지시하는 일은 하지 말라. 대신 그들에게 저 넓고 끝없는 바다에 대한 동경을 키워 주라." 그러나 우리는 아이들에게 바다를 보여 주는 대신, 목재를 가져오게 하고 해야 할 일들만 지시하고 있는 건 아닐까.

우리 아이들이 배움에 목마를 수 있도록 부모인 우리가 조금 더 지혜로워지면 좋겠다. 말을 물가로 끌고 갈 수는 있어도 억지로 물을 마시게 할 수는 없기 때문이다. 배움에 대한 목마름은 많은 직업이 사라질 수 있는 인공지능 시대에 '나는 어떤 직업을 가져야 하며, 어떠한 마음가짐으로 미래를 준비할 것인지', '나만이 가진 역량으로 이 세상에 어떤 기여를 하며 살아갈 것인지' 스스로 고민할 수 있는 역량을 갖게 해 줄 것이다.

6장

우리나라 교육에
할 말 있습니다만

지금, 당신의 아이는 행복합니까?

오랜만에 고등학교 동창이 집에 놀러 왔다. 벌써 20년 지기가 된 죽마고우와는 서로 비슷한 시기에 아이를 낳아 함께 키웠다. 코로나19가 발발하면서 자주 못 봤는데 규제가 풀리면서 아이들도 함께 놀게 할 겸 만났다.

"오랜만이다. 잘 지냈어? 준후랑 지후도 많이 컸네. 어서 와."

"이준후, 어서 와! 우리 레고 할까?"

왁자지껄한 상봉 시간이 끝나고 아이들은 자기들끼리 레고를 하며 놀았고, 그사이 우리는 티타임을 가졌다. 코로나19로 1년 넘게 못 만난 터라 할 말도 많았다. 친구는 강남에 살며 인근 초등학교에서 교사로 재직 중이었다.

"휴직 끝나고 학교에 다시 나가서 바쁘겠다. 별일 없지?"

"학교는 괜찮은데, 말도 마. 얼마 전에 우리 동네 옆 아파트에서 중학생이 뛰어내렸잖아."

"정말이야? 아니, 무슨 일로?"

"정확한 건 모르는데 중학생이라는 거 보니까 학업 스트레스 때문이 아닐까 싶어."

오랜만에 만난 친구의 입에서 나오는 말들은 충격적이었다. 언론에서만 듣던 '한국의 자살률, 세계 1위'라는 뉴스는 현실이었다. 그것도 멀리서 일어난 일이 아니어서 그 충격은 더 컸다.

● 출산율은 최저, 자살률은 최고인 우리나라

여성가족부와 한국생명존중희망재단에 따르면, 2011년 우리나라 자살률은 23.6명으로 OECD 평균(11.1명)의 두 배가 넘는다. 청소년 자살률은 2017년 7.7명에서 2020년 11.1명으로 44% 늘었다. 같은 기간 10대의 자살과 자해 시도는 69%나 치솟았다.* 이 와중에 출산율은 OECD 국가 중 유일하게 한 명을 밑돈다. 아기 울음소리는 들리지 않고, 청소년들은 스스로 목숨을 끊는 곳. 인정하

---

* "3년 새 44% 치솟은 청소년 자살률", 〈중앙SUNDAY〉, 2022년 12월 8일 자

기 싫지만 지금 우리나라는 아이들이 살아가기 힘든 나라다.

초등학교에 입학한 축복이는 하교 후에 반 친구들과 학교 앞 놀이터에서 함께 놀곤 했다. 그런데 점차 노는 아이들이 줄더니 2~3학년이 되면서부터는 하교 후 노는 친구들을 찾아보기 어려워졌다. 모두 학원 스케줄이 있어서다. 아이들은 영어, 수학, 논술 학원은 기본으로 다녔다. 여기에 수영과 태권도 등의 체육 활동과 피아노나 바이올린 등의 악기를 하나씩 배운다고 하면 대여섯 개의 학원은 기본으로 다니는 셈이었다. 하교 후 간식 먹고 조금 쉬다가 학원 한두 개 갔다 오고 나서 학원 숙제까지 해야 하니 놀이터에 나올 시간이 없는 건 당연했다.

한번은 집 앞 놀이터에서 만난 축복이 친구에게 물었다.

"안녕, 오랜만이네. 요즘 왜 이렇게 놀이터 안 나와?"

"학원도 다니고 문제집도 풀어야 해서 놀 시간이 없어요."

"문제집 풀 게 그렇게 많아?"

"네, 엄마가 억지로 시켜서 어쩔 수 없이 하는 거예요…."

● 무기력을 학습하는 아이들

'끓는 물 속 개구리 증후군'이라는 말을 들어 보았을 것이다. 끓는 물에 개구리를 넣으면 놀라서 뛰쳐나오지만, 개구리가 있는 냄비 속 물의 온도를 서서히 높이면 개구리는 점점 데워지는 물 속에서 서서히 죽게 된다는 것이다.

가끔 나는 우리 아이들의 처한 상황이 '냄비 속 개구리' 같다는 생각이 든다. 부모의 기대와 암묵적 강요, 경쟁이 일상화된 사회 분위기에서 아이들은 그 무게를 감당하기가 참 버겁다. 아이들도 처음에는 저항해 보지만, 점차 자신에게 주어진 상황에 순응하게 된다. 아무리 저항해도 아무도 자신의 목소리를 들어주지 않는다는 걸 알게 되면서 아이들은 점점 무기력해지는 것이다.

신은 인간에게 자유의지를 주셨다. 인간은 자신에게 주어진 자유를 누릴 때 해방감을 느끼고 나 자신이 된 것을 느낀다. 이런 느낌을 경험하는 건 어른이나 아이나 마찬가지다. 그래서 루소 역시 최고의 행복은 권력이 아닌 자유에 있다고 했는지 모르겠다.

물론 아이들은 부모의 보호가 필요하다. 따라서 부모는 자녀를 위해 안전한 울타리를 쳐 주어야 한다. 다만 그 울타리 안에서는 아이들이 스스로 무언가를 선택하고 결과에 책임지는 연습을 하며 조금씩 성장할 수 있어야 한다. 아이가 아주 어릴 때는 부모가 선택해 주는 게 많지만, 아이가 걷고 자기 의사를 표현하기 시작하면서부터는 아주 작은 것부터 스스로 선택하고 경험해 보는 게 중요하다. 그런 경험을 통해 아이들은 '자율성'을 배울 수 있기 때문이다. 그러한 자율성은 자기 삶의 주인이 되어 주체적으로 삶을 이끌어 갈 원동력이 된다.

그러나 지금 아이들 앞에 놓인 현실은 이와 정반대다. 아이들은 자율성을 발휘하고 경험해 볼 기회가 턱없이 부족하다. 아니, 아예 없는지도 모르겠다. 하교 후 잠들기 전까지 대부분의 아이는 부모가 짜 놓은 스케줄에 따라 움직인다. 학원 일정부터 숙제하는 것까지 말이다. 여기에 아이들의 자발성이 발휘될 기회는 없다. 어쩔 수 없이 아이들은 점점 수동적으로 변해 간다. 스스로 원하는 걸 찾기보다 누가 시키는 대로 하는 게 더 편하고 익숙한 아이들로 자라는 것이다.

물론 모두가 그런 건 아니다. 아이의 기질과 성향을 고려해 다른 길을 모색하는 부모도 있다. 대안학교를 선택하거나 홈스쿨을 하기도 하고, 공립학교 내에서도 아이들의 자율권을 보장해 주며 스스로 진로를 개척할 수 있게 도와주는 부모도 있다. 그러나 안타깝게도 대다수는 주변 분위기에 휩쓸려 따라간다.

그렇게 12년간의 학창 시절을 거치고 나면 대부분 아이는 자기 자신과 멀어진다. 내 마음의 소리를 따라가기보다 부모가 원하는 일을 선택하고, 내가 하고 싶은 일보다 사회적으로 인정받는 일을 선택한다. 그렇게 점점 '내가 원하는 삶'보다는 '부모가' 혹은 '사회가' 원하는 걸 선택한 아이들은 자신의 인생을 살지 못한다. 부모의 삶 혹은 그 누군가의 삶을 살아가게 된다. 스스로 선택하지 못하고 부모가 원하는 대로 살아왔기 때문이다. 결국 자기 자신과 멀어진 아이들은 자기가 누구인지, 자기가 무엇을 원하는지 모른다. 심지어 하고 싶은 것조차 없는 아이들도 적지 않다. 우리나라의 많은 아이가 학습된 무기력, 우울증을 겪고 있다는 뉴스는 어쩌면 놀라운 일이 아닐지도 모른다.

⦂ 우리 아이들이 부모에게 진짜 원하는 게 무엇일까

　노벨문학상 수상자 토니 모리슨이 아들과 함께 쓴 《네모 상자 속의 아이들》은 어른들이 '사랑'이라는 이름으로 아이들의 자유를 얼마나 억압하는지를 잘 보여 준다. 책 속에서 어른들은 규칙과 질서를 지키지 않았다는 이유로 아이들을 네모난 방에 가둔다. 이것이 너희들을 위한 거라면서 말이다. 아이들은 답답해하고 나가서 뛰어놀고 싶어 하지만 어른들은 허락하지 않는다. 대신 근사한 카펫과 침대, 그네와 미끄럼틀로 꾸며진 방 안에서 아이들이 적응하고 살기를 바란다. 매주 온갖 장난감과 새로운 물건을 아이들에게 선물이라고 안겨 주며 말이다. 이렇게 물질적으로는 부족한 게 없는 이 아이들에게 허락되지 않는 한 가지가 있다. 바로 '자유'다.
　때론 나를 포함한 그 어떤 어른도 아이들의 마음을 잘 이해하지 못하고 있는 건 아닐까 하는 생각에 마음이 아프다. 그리고 이런 의문이 든다. 이 땅을 살아가는 우리 아이들에게 과연 자유가 있을까? 존 로크는 노는 건 하늘이 아이들에게 준 권리라고 했는데, 정작 아이들은 자신들의 권리를 당당하게 누리고 있을까? 아니, 그것이 자신들의 권리라는 걸 알고나 있을까?

"아이들의 행복과 안락을 위해 이런저런 물건을 사 주는 건 쉬운 일이다. 하지만 마음을 열고 아이들의 이야기에 귀를 기울이며 대화를 나누기란 쉽지 않다"라는 토니 모리슨의 말처럼 우리는 마음을 열고 아이들의 말에 귀 기울이는 게 아니라 일방적으로 우리가 하고 싶은 말만 하고 있는 건 아닌지 모르겠다.

아이들이 성장하고 사회화되어 가는 과정에서 배워야 할 규칙과 규율 등은 당연히 있다. 그러나 교육이라는 이름으로 우리가 지나치게 아이들을 옥죄고 자유를 억압하는 건 아닌지 돌아볼 필요는 있다. 《네모 상자 속의 아이들》처럼 원하는 "온갖 근사한 장난감을 사 줄 테니 부모의 말을 들어라"라는 말속에는 아이를 하나의 인격체로 인정하지 않는 마음이 무의식 깊이 깔려 있다. 부모이기에, 자식을 위한다는 이유로 모든 것을 통제하고 아이의 미래 계획까지 세우는 것을 '사랑'이라고 생각하는 것이다. 정작 아이들이 부모에게 원하는 사랑은 우리가 주고 있는 것들이 아닌 다른 무엇인지 모른다. 이 책의 마지막에서 주인공인 세 아이들 모두가 넘치도록 풍족한 상자에서 탈출하는 것을 보면 말이다.

지금 우리 아이들에게 필요한 건 물질적인 것이 아니다. 햇살과 바람을 맞으며 풀밭에서 뛰어놀 자유, 독립된 인격체로 인정해 주는 부모의 마음, 삶을 자율적으로 살 수 있게 기다려 주는 믿음

등 보이지 않는 가치들이다. 이런 사소한 가치들이 상처받은 아이들의 마음을 위로해 주고, 아이들의 오늘을 행복하게 해 준다.

오늘 행복한 아이가 내일도 행복하다. 그것이 진실이다. 스스로에게 또 물어본다. "오늘 우리 아이들은 행복했을까?"

교육의 목적은 과연 무엇인가

아침 8시 40분, 등굣길 차 안. 두 아이를 태우고 가는데 라디오
에서 익숙한 멜로디가 흘러나온다.

"어! 이거 엄마가 좋아했던 곡이다."

멜로디는 익숙한데 곡 제목이 잘 떠오르지 않았다. 오케스트라
연주가 끝나고 라디오 DJ의 목소리에 귀를 기울였다.

"지금 들으신 곡은 엘가의 〈위풍당당 행진곡〉이었습니다. 아침
에 들으니 더 활기차게 느껴지네요. 이 곡처럼 여러분도 위풍당당
하게 활기찬 하루가 되길 바랍니다."

그제야 내 무의식 깊은 곳 어딘가에 자리 잡고 있던 기억이 어
렴풋이 떠올랐다.

● 30년 전, 월요 조회가 어린 나의 마음에 남긴 것

〈위풍당당 행진곡〉. 이 곡은 내가 초등학생이었을 때로 시계를 돌려놓았다. 1990년대 어느 월요일 아침, 뙤약볕이 내리쬐는 운동장에 전교생이 모여 있다. 교장 선생님의 훈화를 듣기 위한 조회 시간이다. 이 시간에는 종렬과 횡렬로 줄을 맞춰야 했으므로 일렬로 서서 앞사람 뒤통수만 보여야 했고 양팔을 벌려 옆과 앞뒤 간격을 일정하게 맞춰야 했다. 그렇게 대열을 완성하면 국기에 대한 경례와 〈애국가〉 제창을 한 뒤 '우리와는 다르게' 햇볕 가림막이 있는 단상 위에서 교장 선생님이 전교생에게 훈화를 하셨다.

봄가을같이 날씨가 좋을 때는 상관없지만 뙤약볕이 내리쬐는 여름과 추운 겨울에는 조회 시간이 고역이었다. 훈화가 길어질 때는 정수리가 타 들어가는 듯했다. 조회고 뭐고 빨리 끝났으면 좋겠다는 생각뿐이었다. 수백 번은 들었을 그 조회 시간의 훈화 가운데 머릿속에 남은 건 거의 없지만 딱 하나는 기억난다. 늘 훈화 끝에 이어지는 "열심히 공부해서 이 나라의 훌륭한 일꾼이 되어야 한다"라는 대목이다. 그런 비슷한 이야기가 나오면 이제 곧 끝나겠구나 싶어 좋아했었다. 그렇게 지루한 훈화가 끝나면 다 함께 교가를 제창하고 한 학년씩 줄지어 교실로 올라갔다. 어떤 애들은 빨리 가라고 뒤에서 밀고, 앞에 있는 애들은 밀지 말라고 소리치고, 월요일부터 육체적으로 정신적으로 피곤했던 조회 시간이 끝나고 교실로 들어가던 그때, 운동장에 울려 퍼졌던 곡이 바로 엘가의 〈위풍당당 행진곡〉이었다.

30년이 지난 지금 당시를 돌아보면 매주 월요일 수백 번의 아침을 보냈던 그 시간이 '과연 누구를 위한 시간이었을까' 하는 생각이 든다. '학교의 가장 큰 어른이 아이들에게 좋은 말을 해 주는 시간'이라는 취지는 좋았을지 몰라도 많은 시간이 흐른 지금, 그 시간은 그리 긍정적인 느낌으로 다가오지 않는 걸 보면 말이다.

그런데 아이들 등굣길에 〈위풍당당 행진곡〉을 다시 듣게 된 순간, 내 안에서 어떤 장면 하나가 떠올랐다. 그 장면은 〈위풍당당 행진곡〉이 울려 퍼지는 운동장 한가운데에서 교실로 올라가는 갓 10대가 된 내 모습이었다. 그때의 나는 교장 선생님의 훈화를 듣고 이 곡을 들으며 마음속으로 다짐하고 있었다. '열심히 공부해서 이 나라에 필요한 일꾼이 되어야지' 하고 말이다. 그 어렸던 아이가 자신이 원하는 게 무엇인지 생각하고 고민하기 이전에 나라를 위해 무언가를 해야 한다고 다짐했다는 대목에서 10대의 내가 안쓰럽게 느껴졌다.

아이들을 등교시키고 나서 엘가의 〈위풍당당 행진곡〉이 궁금해져 검색해 보다가 곡 후반부에 합창하듯 부르는 후렴구에서 나도 모르게 눈물이 났다.

Land of Hope and Glory, Mother of the Free

How shall we extol thee, who are born of thee?

Wider still and wider shall thy bounds be set

God, who made thee mighty, make thee mightier yet,

God, who made thee mighty, make thee mightier yet.

자유인들의 어머니이신 희망과 영광의 땅

당신에게서 태어난 우리, 어떤 방식으로 당신을 찬양하리오

더 넓고 더 드넓게 당신의 영역 세워지니

당신을 장대하게 만드신 신께서 그대를 보다 더 장대하게
　하시네

당신을 장대하게 만드신 신께서 그대를 보다 더 장대하게
　하시네

　열심히 공부해서 이 나라의 일꾼이 되어야 한다고 다짐하며 들었던 이 곡은 아이러니하게도 우리 개인 한 사람 한 사람이 얼마나 위대하고 장엄한 존재인지 말하고 있었다. 이 사회와 나라를 위한 일꾼이 되는 것도 중요하겠지만 어린 학생들 하나하나가 얼마나 가치 있고 귀한 존재인지 그 수백 번의 훈화 중 단 한 번이라도 언급해 주었다면 얼마나 좋았을까. 그런 말을 듣고 자란 아이는 분명 자신의 나라뿐 아니라 자기 자신도 귀하게 여기는 성숙한 인간으로 성장했을 것이다.

● 교육을 받기 전에 생각해 봐야 할 것들

교육의 목적은 무엇인가. 국가에 도움이 되는 인재를 만들기 위함인가, 아니면 성숙한 인간을 기르기 위함인가. 1990년대 우리나라는 고도성장을 하고 있었지만, IMF 외환 위기에 처하기도 했고, 국내 대기업이 세계적인 기업으로 거듭나기도 했다. 당시 학생이었던 내가 자주 들었던 말은 한 사람의 인재가 수백만 명을 먹여 살린다는 것이었다. 그러니 학생인 우리는 열심히 공부해서 수백만을 먹여 살리는 인재가 되어야 하는 '중대한 사명'을 띠고 있었다.

기업에서 원하는 인재가 되기 위해, 나아가 국가에 도움이 되는 인재가 되기 위해 우리는 최대한 많은 스펙을 쌓아야 했다. 학교 성적은 기본이고 토익이나 토플 점수에 각종 자격증까지 취득하기 위해 많은 학생이 학창 시절을 바쳤고, 취업 후에도 인사고과에 도움이 되기 위해 대학원을 진학해 공부하는 등 더 나은 인재가 되기 위한 경쟁은 끝이 없었다. 과연 교육의 목적은 기업과 나라에 도움이 되기 위한 인재를 만드는 데 있는 것일까.

《우리의 불행은 당연하지 않습니다》의 저자인 김누리 교수(중앙대학교)는 지난 100년간 우리나라의 교육은 '반(反)교육'이자 '비(非)교육'이었다며 일침을 가한다. 일제 식민지 시절에는 황국 신민을, 군사 독재 정권에서는 반공 전사와 산업 역군을, 이후 들어선 민주 정부에서는 인적 자원을 길러 내는 게 교육의 목표였다는 것이다.*

지난 100년간 단 한 번도 '성숙한 민주 시민이 되기 위함'이나 '자유롭고 행복한 인간이 되기 위함' 같은 고차원적인 가치가 교육의 목표로 세워진 적이 없었다. 내가 학생이었을 때는 민주 정부가 들어선 후여서 인적 자원을 중요하게 생각했을 때라 교육부의 이름이 교육인적자원부로 바뀐 적도 있다. 교육을 받는 것이 나라에 필요한 자원을 양성하는 행위로 받아들여졌던 것이다.

스펙(Spec)은 본래 기계나 무기의 사양을 뜻하는 용어다. 그런데 우리나라에서는 '직장을 구하기 위해 필요한 학력, 학점, 토익 점수 따위를 합해 이르는 말'로 '네이버 국어사전'에까지 등재되어 있다. 인간을 자원 취급하면서 무기나 기계의 사양을 뜻하는 단어를 인간에게도 적용해 쓰고 있다. 그럼에도 불구하고 그런 표현이 거리낌 없이 사용되는 게 지금의 우리나라 현실이고 그것의 출발이 교육이라는 점에서 한숨이 나온다.

● 개인보다 나라를 더 생각하게 했던 교육의 맹점

나 역시 학창 시절에는 좋은 대학에 가려고, 대학생 때는 좋

---

* 〈차이나는 클래스-김누리 편〉, JTBC, 2020년 3월 4일 방영

은 회사에 취직하려고, 취직한 후에는 승진하려고 끊임없이 노력하며 살아왔다. 사회에서 인정받는 학벌과 직업을 얻기 위해 치열하게 노력했고 그것을 이뤄 가는 과정에서 성취감도 얻었다. 주변 사람들의 인정과 부러움을 사기도 했다.

그러나 더 높이 올라가는 게 행복과 비례하지는 않았던 것 같다. 그 순간만큼은 기쁘고 인정받은 데 대한 만족감을 느꼈지만, 마음 한구석에는 공허함이 자리하고 있었다. 당시에는 그 공허함과 불안의 실체가 무엇인지 몰랐지만, 지금 생각해 보면 학창 시절부터 줄곧 들어 왔던 열심히 공부해서 사회에 꼭 필요한 사람이 되어야 한다는 관념이 내면을 지배했기 때문인 것 같다. 남들은 열심히 노력해서 이 사회와 나라에 꼭 필요한 사람이 될 텐데 '나만 뒤처지면 어쩌지?', '나만 낙오되면 어쩌지?' 하는 두려움 말이다.

그러한 두려움은 내가 사회에서 인정받는 자리까지 올라갈 수 있는 원동력으로 작용했지만, 그에 대한 대가는 혹독했다. 나 자신을 끊임없이 채찍질하며 무언가를 해야만 한다는 강박에 시달렸고, 무언가를 하지 않으면 불안했다. 늘 높은 목표와 이상을 세워 놓고 달성하지 못하면 스스로 부족하다고 느꼈다. 회사 생활을 하면서 자격증을 따기 위해 밤늦게까지 공부하고 퇴사 후에도 대학원에 진학해 커리어를 발전시키려 했던 것도 나라는 한 인간을 있는 그대로 보지 못하고 더 좋은 상품으로 포장하려고만 했던 건 아니었나 싶어 나 자신에게 미안하기도 하다. 사회와 기업에 필요한 인재가 되기 전에 한 개인으로서 나 자신을 좀 더 들여다봤다면 어땠을까 하는 아쉬움이 남는 건 어쩔 수 없다.

우리가 아이들에게 '교육'이라는 것을 하기 전에 선행되어야 할 것이 있다. 부모인 나는 과연 교육이 무엇이라고 생각하는지, 교육의 목적은 무엇인지, 내 아이가 어떤 교육을 받고 어떻게 성장하길 바라는지에 대한 고민이다. 이러한 고민이 선행되지 않는다면 내가 받았던 그 교육만이 진짜인 줄 아는 실수를 저지르게 된다.

이 책을 읽는 당신은 교육의 목적이 무엇이라고 생각하는가. 대학입시를 위한 공부가 교육의 목적이라고 생각하는가. 아니면 개개인 안에 잠재된 능력을 계발하고 이끄는 것이 교육의 목적이라고 생각하는가. 정해진 답은 없다. 다만 부모가 이에 대해 충분히 고민하고 가치관을 세워 놓아야 흔들리지 않을 수 있다.

우리나라 학생들은 왜 질문하지 않는가

"애들 학원 어디 다녀요?"

"태권도만 다니고 있어요."

"어머, 정말요? 영어나 수학 같은 거 아예 안 다녀요?"

⁞ 나는 강남의 자발적 아웃사이더

그렇다. 우리 아이들은 유아기뿐 아니라 초등학교 입학 후에도 학습적인 사교육은 받지 않았다. 올해 초등학교 3학년인 큰아이가 하는 사교육은 1학년 때 본인이 원해서 시작한 태권도가 전부다. 두 아이 모두 그 흔한 학습지 하나 하지 않는다. '사교육 천국' 강남에서 난 '자발적 아웃사이더'를 자처하며 살고 있다.

영유아기와 초등 저학년 때까지 아이들에게 사교육을 시키지 않은 이유는 명확하다. 교육을 바라보는 내 관점에서 아직 어린 아이들에게 사교육은 필요하지 않다고 생각해서다. 물론 재능을 찾기 위해 아이들이 다양한 경험을 해 보는 건 좋다고 생각한다. 그러나 아이가 원하지 않는데도 부모의 욕심으로 시작하는 사교육을 나는 경계했다. 일찍 재능을 발견하는 것도 중요하지만 그보다 '아이가 어떠한 배움도 즐겁게 생각하는 마음'이 더 중요하다고 생각했다. 취학 전에 학교에서 배우는 과목들을 선행학습하는 것도 배제했다. 이 시기 아이들에게 필요한 건 선행학습이 아닌 '호기심'이고, 궁금한 것을 해결하기 위해 '스스로 생각하고 고민하는 것'이 훨씬 중요하다고 생각했기 때문이다.

영유아기의 아이들은 '재미'라는 요소를 빼놓고는 그 어떤 것도 생각할 수 없다. 모든 것이 '놀이'인 아이들에게 '교육'이라는 이름으로 부모가 생각하는 틀에 집어넣으면 아이에게 자칫 거부감이 생길 수 있다. 어릴 때 마음에 심어진 거부감은 아이가 가지고 있는 재능의 싹마저 시들게 할 수 있으므로 사교육을 시키는 것에 매우 조심스럽게 접근한 것이다.

나도 처음부터 사교육을 하지 않겠다고 생각한 건 아니다. 축복이가 여섯 살 때 재능을 찾아 주려고 태권도와 바둑을 권해 보았다. 집에서 가까운 태권도장은 놀이터에서 노는 친구들이나 형들이 다니고 있었다. 일일 체험 수업을 받아보게 했는데 제법 즐거워 보였다. 그러나 아이는 체험 수업 후에 다니고 싶은 생각이 없다고 했다. 바둑도 마찬가지였다. 내심 집에서 배우지 못하는 것을 학원에서 배우면 아이도 좋고 나도 그 시간에 조금 쉴 수 있다고 생각했지만 그건 내 생각이었다. 아이의 선택은 '아니오'였다. 실망스러운 마음이 들었지만 내 욕심이 앞서면 안 된다고 생각해 아이의 선택을 존중해 주었다. 나중에라도 배우고 싶은 마음이 들면 그때 배우면 된다고 스스로를 위안했다.

모든 건 때가 있는지 축복이는 입학 후 사뭇 달라진 모습을 보이며 이것저것 배우고 싶다고 말했다. 예전 같았으면 이때다 싶어 바로 학원 등록을 했을 것이다. 그러나 '고도의' 심리전을 펼치며 아이에게 왜 배우고 싶은지부터 물었다. 몇 주, 몇 달의 뜸을 들이며 아이가 진짜로 태권도학원을 가고 싶은지 살펴보았다. 아이는 자기 몸을 지키고 싶고, 띠도 따고 싶고, 할머니 집에서 가까워서라며 배우고 싶은 이유를 말했다. 또 듣고 싶은 방과후 수업, 수학 관련 학습지나 프로그램 등 친구들에게 듣거나 광고에서 본 것을 말하며 하고 싶다는 의견을 먼저 밝혔다. 부모가 여유를 가지고 기다려 주니 아이가 스스로 자기가 원하는 것을 찾아 나서는 모습이었다.

● 학교 성적과 명문대 진학이 좋은 교육의 척도가 될 수 있을까

물론 나 역시 처음부터 확고한 신념이 있었던 건 아니다. 암흑같이 어둡고 끝이 없어 보이는 불안한 시기를 지나왔다. 왜 아니겠는가. 남들이 모두 가는 길이 아니라 혼자 다른 길을 가려니 두렵고 불안했다. 다른 아이들은 모두 어린이집이나 유치원에 있는데 '뉘 집 애들인지 그 집 애들은 아침부터 놀이터에서 죽치고 있더라. 그 엄마 대체 뭐 하는 엄마냐?'라는 비난을 받을 것 같았다.

아이들이 자신의 감정을 제대로 표현하지 못하고 밖에서 화를 내거나 우는 날이면 '쟤네들은 기관도 안 가더니 사회성이 떨어지네'라는 말을 들을까 두려웠다. 남들 다 학원 가 있을 시간에 다 큰 초등학생들이 놀고 있으면 공부는 안 하고 뭐 하냐며 손가락질 받을 것 같았다. 다양성을 존중받지 못하는 우리 사회에서 다른 길을 가는 것은 생각보다 힘든 일이었다. 그러나 그 시간을 묵묵히 견뎌 냈다. 내가 불안하다고 아이에게 나의 불안을 전가할 수는 없었다.

강남은 사교육 시장 규모가 어마어마하다. 아이들은 초등학교에서 다섯 시간 이상 수업을 받은 후에도 국어, 영어, 수학은 기본이고 독서논술, 창의력 수학, 가베를 비롯한 각종 예체능학원을 다녔다. 상가 건물마다 빽빽이 붙어 있는 학원 간판들을 보면 숨이 막힐 때가 많았다. 물론 나 혼자 답답한 것이지 선택할 수 있는 다양한 학원들이 있어 많은 학부모가 강남을 선호한다. 아이가 적어도 몇 학년이 되기 전까지는 강남에 입성해야 한다는 말이 나오는 것만 봐도 알 수 있다. 공교육에 대한 신뢰는 땅에 떨어진 지 오래니 내 아이의 교육을 다른 어디에 맡기긴 해야겠는데, 그 기준이 되는 지표로 학부모들은 '성적'과 '대학 합격률'을 꼽는다. 그리고 아이들의 성적을 높여 주고 대학 합격률도 보장하는 곳이 강남이라고 사람들은 암묵적으로 동의하는 것 같다.

우리나라에서는 이른바 명문대에 진학하면 '좋은 교육'을 받았다고 생각한다. 대학 입학이 교육을 평가하는 하나의 기준이 된다. 물론 어느 정도는 맞는 말이다. 지금은 대학이 취업 준비를 위한 곳으로 전락한 면이 없지 않지만, 한때는 '진리의 상아탑' 아니었는가. 진리를 탐구하고 배움을 갈망하는 학생들이 대학에 진학했다. 그러나 지금은 그러한 이유로 대학에 가려는 학생들은 찾아보기 어렵다. 실제로 2022년 〈한국대학신문〉 조사에 따르면, 학생들이 대학에 진학하는 이유 중 부동의 1위는 '취업'이었다. 비율도 2019년 이후 3년 연속 50%를 웃돌았다.* 안타까운 건 학생들이 선호하는 직업 순위다. 1위가 대기업, 2위는 공무원인데 대기업은 연봉이 많아서고, 공무원은 안정적이기 때문이다.

---

* "'취업' 위해 대학 진학한다… 등록금 인상 여론은 여전히 '싸늘'", 〈한국대학신문〉, 2022년 10월 22일 자

연봉이 높고 고용이 안정된 직장은 누구나 선호한다. 대기업과 공무원을 선택한 학생들의 마음 역시 이해가 간다. 그것을 원하는 것이 잘못되었다고 말하는 것도 아니다. 다만 대기업에 취직하고 공무원이 되기 위해 학창 시절 내내 자기가 하고 싶은 것이 무엇인지 진지하게 탐구할 겨를도 없이 오직 대학입시라는 목표만을 향해 모두가 달리는 우리나라의 교육 현실이 안타까울 뿐이다.

그렇다면 우리가 대학 입학을 위해 12년간 받는 교육이 과연 '제대로' 된 교육인지를 살펴볼 필요가 있다. 우리가 받았던, 지금 우리 아이들이 받는 교육이 한 개인을 인격적으로나 정신적으로 성장시키고 지적인 탐구심을 높이는 방향으로 이뤄지고 있는가. 이를 알아보기 위해 다양한 자료를 찾고 공부해 봤다. 그런데 우리 교육과 관련된 자료들을 찾아보면 볼수록 절망적이었다. 지금의 교육은 우리 세대, 아니 그전 부모 세대부터 받아 온 주입식, 암기식 교육에서 한 발자국도 나아가지 못하고 있었다. 어쩌면 더 후퇴했는지도 모르겠다.

● 12년 동안 이어지는 '듣기' 방식의 공부

우리나라 교육의 가장 큰 문제는 '일방향'이라는 것이다. 학생들은 교사나 교수가 말하는 내용을 잘 듣고 받아 적은 다음 외운다. 자기 생각은 그다지 중요하지 않다. 시험도 거의 객관식이다. 이미 나와 있는 지식을 암기하고 정답을 찾는 과정이 우리가 하는 공부다. 이런 식의 정답 찾기 교육을 12년 이상 받으면 자연스럽게 질문이 사라진다. 궁금한 게 없어지는 것이다. 교사가 말하는 걸 받아 적고 외우기만 하면 되는데, 무슨 질문이 생기겠는가. 이러한 교육 환경에서 질문이 생기는 게 오히려 더 이상할 정도다.

미국의 행동과학연구소(National Training Laboratories, NTL)에서는 외부 정보가 우리 두뇌에 기억되는 비율을 학습 활동별로 정리한 '학습 피라미드'를 발표했다. 학습 피라미드는 다양한 방식으로 공부한 다음 24시간이 지난 후 우리 두뇌에 남아 있는 비율을 보여 주었는데 결과가 충격적이었다. 우리나라 교실에서 주로 이뤄지는 '듣기' 방식의 수업은 24시간 후에 두뇌에 내용이 남는 비중이 고작 5%였다. '읽기'는 10%, '시청각 수업 보기'는 20%였다. 듣기와 읽기, 시청각 수업은 우리나라 교육 현장에서 가장 많이 볼 수 있는 풍경이다. 모두 교사가 이끌어 가는 방식이다.

반면 학생 중심의 수업 방식은 달랐다. 집단 토론을 한 후 두뇌에 내용이 기억되는 비율은 50%, 누군가에게 말로 설명하면 두뇌에 남는 비율이 무려 90%에 육박했다. 우리는 어쩌면 수업을 듣고 시험 보고 잊어 버리는, 시험을 위한 공부를 무한 반복하고 있는 건 아닐까? 심지어 그 방식이 좋은 교육이라고 철석같이 믿으면서 말이다.

● 유대인 교육의 핵심, "네 생각은 무엇이니?"

서로 짝을 이뤄 의견을 주고받으며 공부하는 유대인들의 교육 방식인 하브루타는 잘 알려져 있다. 유대인들은 말로 설명할 수 없으면 모르는 것이라는 원칙을 철저히 고수한다. 유대인들의 도서관이나 예배당은 늘 시끄러운 말소리로 가득하다. 《탈무드》를 읽고 서로 생각을 나누기 때문이다.

예루살렘에서는 아이들이 공부를 시작할 때부터 교사가 학생들에게 가장 많이 하는 말이 있다고 한다. '마따 호 쉐프'인데 이 말뜻은 '네 생각은 무엇이니?'이다. 유대인들에게 교육이란 주저 없이 개인의 생각을 말하고 발전시키며 자기 자신을 성공적으로 표현할 수 있게 돕는 것을 말한다. 이러한 교육 방식은 유대인이 금융, 경제, 법률 등 다양한 분야에서 성공할 수 있게 해 주었고, 전 세계의 0.2%밖에 안 되는 인구로 노벨상 수상자의 22%나 차지하는 결과를 안겨 주었다.

그러나 우리의 교육은 이와 정반대다. 듣고 외우고 시험 보는 교육이 12년간 이어진다. 수업 시간에 우리는 교사로부터 "조용히 해"라는 말을 많이 듣고 자랐다. 이러한 환경에서는 자유롭게 생각을 발전시키기 어렵다. 자신의 의견이 점점 중요하지 않게 여겨지는 것은 물론이다. 크고 작은 시험을 위한 공부만이 존재하는 우리의 교육 현실. 우리는 문제집을 풀고 정답을 찾는 기술을 배우는 게 공부라고 착각하고 있는 건 아닐까. 자기 생각을 발전시키기는커녕 생각하기를 차단하게 만드는 이러한 분위기에 내 아이를 일찍 몰아넣고 싶지 않았다. 그러나 요즘 아이들은 학교에서 다섯 시간 넘게 수업을 듣는 것으로도 모자라 학원에서 또 몇 시간씩 수업을 듣는다.

부모들은 아이가 수동적으로 변해 가고 점점 자기 생각을 말하기 어려워하는 이유를 알아야 한다. 적어도 부모인 우리가 현재 교육에 대해 단 한 번이라도 진지하게 고민해 본다면 아이를 바라보는 시선이 조금은 바뀔 것이다. 그리고 불안과 경쟁만을 부추기는 이 교육 시스템에서 내 아이를 조금이라도 구해 낼 수 있을 것이다.

사교육 천국 강남에서 사교육 안 시키는 이유

"엄마, 하늘은 왜 파래?"

"엄마, 새는 나는데 왜 사람은 못 날아?"

아이가 말을 시작하고 이런저런 질문들을 쏟아 낼 무렵이면 부모들은 내 아이가 어떤 질문을 하든 귀엽고 신기하다. 심지어 '어떻게 이런 질문을? 혹시 천재 아니야?'라는 생각을 한 번쯤 해 보기도 한다. 그러나 취학 연령이 다가오면 부모들은 왠지 모를 불안감을 느낀다. 아이들이 엉뚱한 질문이라도 하면 "무슨 쓸데없는 질문이야? 어서 공부나 해"라는 말로 일축해 버린다. 모든 게 점수로 평가되는 교육 시스템에서 내 아이만 뒤처지는 건 아닌지 걱정되는 마음이 앞서서 그렇다. 결국엔 호기심 박사로 태어난 아

246

이들은 점점 질문이 줄어들고, 학교에 들어가서는 조용히 공부나 하는 게 신상에 유리하다는 걸 경험으로 체득하게 된다.

부모인 우리 세대는 모든 것을 점수로 평가하는 시대에 학교를 다녔다. 초등학교 1학년 때부터 전 과목 시험을 보고 '수우미양가'로 평가받았다. 그때와 달리 요즘의 공립학교는 시험도 많이 줄었고 평가 방식도 다소 바뀌었다. 그래도 여전히 부모들은 점수로 '평가'받는 것에 대한 두려움이 있다. 시험을 보기 시작하는 초등학교 입학 전후로 그 불안감은 점차 커진다. '남들은 입학 전에 다 배우고 올 텐데 내 아이만 모르면 어쩌지?', '내 아이만 대답 못 하고 있다가 선생님께 혼나면 어쩌지?', '성적 못 받아서 공부 못하는 아이로 낙인찍히면 어쩌나?' 등 부모의 불안은 끝이 없다.

● 부모의 불안이 아이 사교육의 동기가 되어서는 안 된다

이러한 부모의 불안으로 인해 아이들은 취학 전부터 사교육 시장으로 내몰린다. 하나라도 더 배워서 내 아이를 일단 어느 정도 '수준'은 만들어 놓고 입학시켜야 부모 입장에서 안심이 되기 때문이다. 이러한 부모의 심리를 이용해 학원가에서는 '불안 마케팅'을 펼친다. '몇 살까지는 반드시 이 정도는 해야 한다', '입학 전에 준비해 놓지 않으면 아이가 크게 고생한다'는 식이다. 이런 말을 들으면 없던 불안도 생기게 마련이다. 결국 많은 부모가 아이 나이 6~7세가 되면 영어유치원으로 옮기고, 일부에서는 영어유치원 진도를 따라가려고 개별 과외도 한다. 수학 역시 학교 진도를 나가는 학원, 창의력 수학학원으로 나눠져 있어 아이들은 한 과목에 두 개의 학원을 가는 일도 허다하다.

이렇게 취학 전부터 초등학교 저학년까지 많은 아이가 '부모의 로망'대로 학습적인 것들을 미리, 그리고 많이 배운다. 그 결과 아이들은 전보다 똑똑해졌다. 이와 동시에 아이들은 배움에 대한 즐거움을 잃어 버렸다. 공부가 모르는 것을 알아 가고 궁금한 것을 해결해 가는 즐거운 것이 아닌, 억지로 해야 하는 재미없는 것이 되어 버렸다.

축복이가 돌이 갓 지났을 때의 일이다. 명절을 맞아 가족 모두 대치동에 있는 친척을 만나러 갔다. 오랜만에 보니 반가워 인사를 나누는데 막내 조카가 유모차에 탄 축복이를 보며 말했다.

"와, 아기 정말 부럽다. 학원 안 가도 되니까."

다섯 살 아이의 입에서 나온 말이 맞나 싶었다. 당시 조카들은 다섯에서 일곱 살 사이였는데 영어유치원을 다니며 숙제 봐 주는 과외를 따로 받고 있었다. 형님들은 나에게 "자기도 애 키워 봐. 나도 처음엔 이건 아니다 싶었는데, 주변에서 다 하니까 어쩔 수 없더라"라고 했다. 10여 년이 지난 지금, 나 역시 학부모 입장에서 경쟁이 치열한 대치동에서 느꼈던 형님들의 불안이 어떤 것인지 알 것 같다. 나 역시 그런 불안을 느끼기 때문이다. 그러나 그 실체 없는 불안이 나를 집어삼키고 아이들에게까지 전염되려 할 때는 10여 년 전 다섯 살 조카의 눈빛을 떠올린다. 더 이상 아무것도 하고 싶지 않고 궁금하지도 않은, 무기력한 아이의 눈빛을.

● 공부 상처가 대물림되는 우리나라의 교육 현실

배움은 왜라는 물음에서 시작한다. 그 작은 질문에 대한 답을 찾기 위해 탐구하는 과정 자체가 배움이고 공부다. 그러나 우리는 '성적을 잘 받는 것'이 '공부를 잘하는 것'이라고 배우며 자랐다. 시험성적이 좋으면 우등생, 나쁘면 열등생으로 취급받았고 학교에서는 성적에 따라 암묵적으로 학생들의 존재 가치가 정해졌다. 그런 사회적 분위기에서 자란 우리가 시간이 흘러 부모가 되었다. 그리고 우리가 학창 시절 들었던, 공부를 잘하고 좋은 대학 나와야 사회에서 대접받고 인정받을 수 있다는 말을 아이들에게 똑같이 해 주고 있다. 어릴 때는 성적으로, 성인이 되어서는 연봉과 집 평수, 자동차로 그 사람의 가치가 정해진다고 믿고 가르치는 사회. 어릴 적 상처받았던 우리가 부모가 되어 우리의 상처를 아이들에게 대물림하고 있는 건 아닐까.

변하지 않은 사회 분위기와 부모의 불안이 더해진 결과, 아이들의 어린 시절은 사라지고 있다. 충분한 시간 속에서 마음껏 뛰어놀며 넘어져도 보고, 울기도 하고, 빈둥대기도 하는 어린 시절의 특권을 아이들은 강탈당하고 있다. 대신 그 시간은 빼곡하고 촘촘하게 교육이라는 이름의 학원 스케줄로 채워져 있다. 놀 시간이 없는 것은 당연하고, 학교에서 학원으로 장소를 옮겨 가며 계속 수업을 듣는다. 그러다 보니 자신이 무엇을 원하는지, 무엇을 좋아하는지 생각할 여력조차 없다.

가장 큰 문제는 아이들이 왜 이 공부를 해야 하는지조차 모른다는 것이다. 그저 부모가 이 정도는 해야 한다, 안 하면 안 된다고 하니까 하기 싫은 걸 참고 학원에 가고 공부를 한다. 그렇게 아이들은 점점 자발적으로 무언가를 하기 어렵게 되고 자율성을 잃게 된다. 요즘 아이들은 그렇게 유년 시절을 보낸다.

현대는 경쟁 사회 아니냐고 반문할지도 모르겠다. 경쟁 없이는 발전도 없다고 말이다. 맞는 말이다. 아이들의 삶에서 경쟁도 어느 시점에서는 필요할 수 있다. 하지만 적어도 생애 첫 10년까지는 아이들이 삶에서 경험해야 하는 것이 경쟁이어서는 안 된다. 이 시기의 아이들은 부모의 '조건 없는 사랑과 정서적 지지'를 경험해야 한다. 마음껏 자신의 유년기를 즐기며 배울 수 있는 자유로운 생활을 해야 한다. 학교도 입학하지 않은 아이들이 왜 레벨 테스트를 받고 열등감을 느껴야 하는가. 그 시험은 누구를 위한 것인가. 일곱 살 아이가 영어를 거부하고, 학습지에 질려 입학 전부터 수학을 싫어하게 되는 것이 아이들의 무능함 때문인가.

⁝ "우리나라 학생들은 학창 시절을 평가받기 위해 보낸다"

한국인으로는 최초로 수학계 노벨상으로 불리는 필즈상을 받은 프린스턴대학교의 허준이 교수는 현재 우리의 교육 현실에 대해 이렇게 일침을 가했다.

학창 시절을 공부하며 보내는 게 아니라 평가받기 위해 보내고 있다. 교육 자체보다는 경쟁해서 이겨야 하고, 더 완벽해져야 하는 사회문화적 배경에 문제가 있는 것 같다.*

부모인 우리 역시 중고등학교 학창 시절, 숨 막히는 경쟁 속에서 매 순간 평가받으며 자랐다. 그런데 우리 아이들은 초등학교, 아니 입학 전부터 경쟁이라는 레이스에 뛰어들어 달리고 있다. 왜 뛰어야 하는지, 어디로 뛰고 있는지도 모른 채로 말이다.

살면서 가장 중요한 것 중의 하나는 자신에 대한 스스로의 평

---

* "한국학생들 완벽한 풀이엔 능하나, 깊은 공부 부족 안타까워", 〈한국일보〉, 2022년 7월 13일 자

가, 자존감이다. 자존감은 주로 우리가 어릴 때 부모가 나를 어떻게 바라보고 평가했는지에 기초해서 만들어진다. 생애 초기 자아상이 만들어지는 시기에 부모나 주위 사람들이 우리에게 했던 말이나 우리를 대했던 행동에 근거해서 우리는 스스로에 대한 자아상을 만들게 되고, 그 자아상은 평생 내가 스스로를 평가하는 잣대가 된다.

부모가 나를 늘 부족하다고 생각하고 무언가를 더 채워야 한다고 생각했다면, 아이들은 아무리 능력이 뛰어나도 자신을 늘 부족하다고 느낄 것이다. 반대로 아이들이 무엇을 하든 늘 좋은 면을 찾아 칭찬해 주고 존재 자체만으로도 소중하고 귀하게 여긴다면 아이들은 자기 자신을 귀하게 바라볼 것이다.

그런데 우리의 교육 환경은 아이들이 어려서부터 자존감이 낮아지게 되는 구조다. 초등학교 입학도 안 한 아이들이 영어와 수학 시험을 보고 점수에 따라 레벨이 나뉜다. 어려서부터 우열을 나누는 환경에 놓이는 것이다. 성적이 잘 안 나오면 '난 못하는 아이'라는 자아상이 만들어진다. 이런 환경에서는 아무리 많은 것을 배우고 성적이 잘 나온다고 하더라도 건강한 자아상을 갖기 어렵다. 늘 누군가와 비교되기 때문이다. 더 큰 문제는 아이들이 성적에 따라 자신들의 가치가 정해진다는 암묵적인 메시지를 받는다는 것이다. 이러한 환경에서 아이들은 건강한 자아상도, 배움에 대해 흥미도 갖기 어렵다.

교육은 아이의 내면에 있는 강점을 끌어내는 것이다. 그러려면 내 아이가 무엇을 잘하는지, 무엇을 할 때 즐거워하는지 알아야 한다. 나는 초등학교 저학년 때까지는 내 아이가 어떤 씨앗인지 관찰하는 시간으로 채웠다. 씨앗도 파종 시기를 알아야 제때 뿌릴 수 있듯이 내 아이를 알아야 내 아이라는 씨앗의 싹을 건강하게 틔울 수 있다. 정작 내 아이에 관해서는 관심이 없고 주변 분위기에 휩쓸려 남들이 좋다는 건 무조건 다 내 아이에게 가져다준다고 싹이 잘 자랄까? 겨울에 파종해야 하는 씨앗을 여름에 심으면 그 씨앗은 죽고 만다.

그렇다고 그 시기 동안 넋 놓고 있으라는 말은 아니다. 씨앗이 발아하려면 햇빛과 온도, 물이 중요하다. 이것이 없으면 씨앗은 싹을 틔우지 못한다. 마찬가지로 아이들이 씨앗과 같은 시기일 때 부모인 우리가 주어야 할 것은 '조건 없는 사랑과 절대적 지지'다. 세상을 따뜻하게 비춰 주는 햇살처럼 부모의 조건 없는 사랑을 경험한 아이들은 이 시기 동안 자신의 뿌리를 땅속 깊이 단단히 내린다. 이렇게 생애 초기에 긍정적인 자아상이 만들어진 아이들은 이후에 비바람이 불어도 쉽게 꺾이지 않는다.

부모인 우리가 아이들에게 주어야 할 가치는 이런 것들이다. 이제는 시험 보고 평가받고 우열을 나누는 사교육에서 아이들을 구해 내자. 내 아이가 단단히 뿌리를 내릴 수 있도록 도와주자. 내가 강남에서 아웃사이더를 자처하며 사교육을 시키지 않는 이유다.

공부란 무엇이며 왜 하는가

2015년 EBS에서 〈다큐 프라임-공부 못하는 아이〉라는 5부작 다큐멘터리를 방송했다. 우리나라 아이들이 공부로 인해 얼마나 상처받고 스트레스를 받고 있는지 조명하고, 학생도 학부모도 조금 더 행복해지기 위한 방법을 모색하자는 취지였다. 취재진은 한 초등학교를 찾아 '공부 상처'를 입은 초등학교 4학년 학생들을 인터뷰했다.

학생 1: 저는 공부를 하려고 하면 어지러워요.

학생 2: 저는 뭘 외우려고 하면 머리가 아프고 공부하기 싫고 팔이 저려요.

취재진: 엄마한테 머리 아프다고 하면 뭐라고 그래요?

학생 2: 병원 가서 보고 괜찮으면 계속하래요.

아이들은 마음의 힘듦이 몸의 이상으로 나타나고 있었다. '네이버 시사상식사전'에 따르면, 이렇게 내과적 원인이 없는데도 신체적 이상을 반복적으로 호소하는 현상을 가리켜 신체화 장애(Somatization Disorder) 혹은 신체화 증후군이라고 한다. 주요 원인으로는 심리적인 압박이나 스트레스가 꼽힌다. 겉으로는 별문제가 없기에 아이들이 이러한 증상을 호소하면 부모는 대개 대수롭지 않게 생각한다. 그러나 이렇게 이유 없이 몸이 아프다고 호소하는 아이들은 마음이 아픈 상태다.

통계청이 발행한 〈아동·청소년 삶의 질 2022〉 보고서에 따르면, 2018년 한국 아동·청소년의 삶의 만족도는 OECD 국가 중 최하위인 것으로 나타났다. 아동·청소년의 자살률은 2015년 이후 증가 추세이며, 우울함 등 부정적인 정서를 경험하는 비율 또한 증가했다. 청소년의 삶에 대한 만족도가 낮은 이유는 입시로 인한 공부가 그 원인이라고 추측할 수 있다. 그러나 세상의 모든 것이 신나고 무엇이든 호기심 가득한 시선으로 바라봐야 할 아동기의 어린이들조차 삶이 즐겁지 않다고 느낀다니, 정말 심각한 상황이 아닐 수 없다. 지나치게 과열된 입시 경쟁 탓에 영유아기부터 아이들은 부모가 정해 놓은 목표에 따라 공부를 해야 한다. 그러니 삶이 즐거울 리 있겠는가.

⁞ 우리나라에서 공부란 곧 대학입시

공부란 모르는 것을 배우고 알아 가는 과정이다. 인류가 지금까지 문명을 이룩하고 발전시킨 과정을 보면 배운다는 것은 인간의 본능일지 모른다. 호기심을 해결하는 과정에서 인류는 새로운 것을 발견했고 이는 혁신과 진보로 이어졌다. 모르는 것을 알아 가는 과정은 즐거움을 동반한다. 공부는 '지적 유희'인 것이다. 물론 여기에는 배움에 대한 순수한 동기에서 시작해야 한다는 전제가 붙는다.

그러나 우리나라에서 공부란 곧 대학입시다. 공부는 아이들을 한 줄로 세우기 가장 좋은 수단이며, 점수로 한 사람의 가치를 평가할 수 있는 잣대다. 아이들 각자의 다양성을 인정하고 키워 주기보다 있는 개성마저도 획일화시킨다. 교도소 같은 공간에서 1초면 검색 가능한 지식을 외우고 정답을 찾는 단순노동을 우리는 '공부'라고 부른다. 심지어 공부로 등수를 매기고 보이지 않는 계급까지 만든다. 수능 5등급이면 그 아이의 가치마저 5등급처럼 여겨지는 사회. 우리에게 공부란 이런 것이다. 아이들이 공부를 싫어하게 되는 것은 어찌 보면 당연한 결과다. 그러나 공부가 정말 괴로운 것일까. 공부는 원래 재미없는 것이니 참고 견디며 해야만 하는 것일까.

2013년 KBS의 비교문화 다큐멘터리 〈공부하는 인간, 호모 아카데미쿠스)에서는 인종과 문화적 배경이 다른 하버드생 네 명이 '공부는 무엇이고, 우리는 왜 공부하며, 각 문화권의 공부 방법은 어떻게 다른지' 탐구하는 과정을 총 5부에 걸쳐 소개했다. 방송을 보며 동양과 서양에서 공부하는 동기가 완전히 다르다는 점에 놀랐다. 서양은 각 개인을 독립적인 인격체로 보는 경향이 강하므로 '자신의 발전을 위해', '세상과 소통하기 위해' 등을 공부의 동기로 꼽았다. 반면 동양인의 경우에는 관계 속에서 자신을 인식하는 경향이 크므로 공부하는 동기를 '부모님을 실망시키지 않기 위해', '부모님을 기쁘게 해 주려고'와 같이 대개 가족과 연관 지어 설명하는 경우가 많았다.

● 자녀의 성적표는 곧 부모의 성적표?

실제로 우리나라에서는 자녀의 시험성적이 부모의 성적인 것처럼 받아들여지는 집단적인 사고가 존재한다. 자녀의 성적이나 대학입시 결과가 마치 '부모가 얼마나 자녀를 잘 키웠는지'에 대한 성적표처럼 여겨지는 것이다. 이런 무의식적인 믿음 때문에 부모는 아이들에게 공부하라고 끊임없이 다그치고, 아이들은 공부를 못하면 부모님 기대에 못 미쳐 죄송하다며 죄책감을 느낀다. 그러나 공부를 못하면 부모에게 불효하는 것이고 부모에게 죄송해야 할까? 부모가 열심히 뒷바라지하니 아이들은 높은 성적과 명문대 합격이라는 결과로 부모에게 보답해야 하는 것일까?

우리 조상들은 자식 교육을 위해 전 재산인 소를 팔았다. 그러면 부모의 희생에 보답하고자 자녀들은 열심히 공부했다. 그러다 보니 자식이 좋은 결과를 내지 못하거나 공부를 열심히 하지 않으면 부모는 "내가 너를 어떻게 키웠는데"라며 한탄하기도 했다. 시대가 바뀌었지만 이러한 무의식적 관념은 지금까지도 우리의 정신 속에 박혀 있다. 그런데 이 무의식적인 믿음은 과연 진실일까? 공부 동기가 부모의 기대에 부응하기 위해 혹은 부모를 실망시키지 않기 위해서여야 할까?

다큐멘터리에 출연한 하버드대학 학생 중 릴리는 한국인으로 태어나 유대인으로 자랐다. 돌이 되기 전에 미국의 유대인 부모에게 입양된 것이다. 릴리의 아버지는 항상 '왜?'라는 질문으로 아무리 답이 정해져 있는 것이라도 무엇이든 탐구하라고 가르쳤다고 한다. 유대인들에게 교육이 이뤄지는 곳은 가정이고 교육을 책임지는 것은 부모다. 릴리는 집에서 늘 부모와 《탈무드》에 관해 묻고 토론하며 사고를 확장했고, 자신만의 세계를 구축해 나갔다. 릴리는 한국인으로 태어났지만, 유대인의 교육 방식대로 자란 것이다.

이 다큐멘터리를 보면서 공부를 대하는 관점의 차이가 나라별로 인종별로 매우 크다는 생각이 들었다. 우리에게 공부는 '시험을 잘 보기 위해 학교와 학원에 가서 하는 무엇'을 뜻하지만, 유대인들에게는 '각자의 생각을 성공적으로 표현하는 수단'을 말한다. 인도에서는 공부가 '계층 이동을 위한 수단'이지만, 프랑스에서는 '철학적 질문을 던지고 이를 발전시키는 것'을 말한다.

이러한 사실들을 알게 된 이후, 난 공부를 하기 전에 '과연 공부가 무엇인지' 고민하는 일이 선행되어야 한다고 생각하게 되었다. 각자 생각하는 공부의 정의는 다를 것이다. 하지만 적어도 내가 우리나라에서 태어나고 자랐다는 이유로 우리나라에서 통용되는 공부에 대한 사고방식을 무조건 따르지는 말자고 생각했다. 아이의 성적이 부모의 성적표라고 받아들이지 말자고 결심했고, 아이 공부의 최종 목표가 대학 입학이라고 단정 짓지 말자고 다짐했다.

대신 아이들 공부의 목적을 '즐거움'에 두었다. 무언가를 순수하게 배우고 알아 가는 기쁨을 아이들에게 느끼게 해 주고 싶었다. '개인의 성장' 역시 중요하다고 생각했다. 자신에게 주어진 능력을 발전시키기 위해 어떤 방식으로든 배우고 나아가는 것, 그리고 사회에 기여하는 삶을 사는 것, 이러한 가치를 공부의 기준으로 세웠다. 그 과정에서 스스로가 무언가를 더 배우고 싶고 그 분야에 재능이 있다고 판단되면 '학원에 가서 배우는 공부'는 그때 해도 충분하다고 판단했다. 이것이 내가 생각하는 공부의 동기이자 공부하는 이유였다. 그리고 내 아이들도 '공부란 즐거운 것'이라는 느낌을 갖게 해 주고 싶었다.

⁝ 성적보다 더 중요한 내 아이의 관심사

그렇게 공부의 목적을 다른 곳에 두니 보이는 것이 달라졌다. 당장 눈앞에 보이는 학교 시험 점수보다 내 아이가 세상에 대해 궁금해하는 것이 무엇인지 함께 고민했다. 그러다 보니 학원 정보를 알아보는 것보다 '내 아이의 관심사를 관찰하는 것'이 더 중요했다. 그렇게 아이의 관심사를 따라가다 보니 아이는 자연스럽게 자신이 좋아하는 분야에 몰입하게 되었다. 과학, 로봇, 환경 등 그 어떤 분야라도 좋았다. 그 분야가 노는 것이라면 친구들과 마음껏 놀게 해 주었다.

축복이가 2학년이던 어느 날이었다. 놀이터에서 놀겠다고 해 먼저 가라 하고 나는 사랑이와 뒤따라갔다. 그런데 갑자기 어떤 사람이 내게 다가왔다.

"혹시 저 아이 부모님 되시나요?"

"예, 왜 그러시죠?"

"학습지를 홍보하러 나왔는데 저 학생이 오더니 이걸 하려면 어떻게 하면 되는지 묻더라고요. 그래서 엄마한테 시켜 달라고 하면 된다고 했죠."

때마침 나를 본 축복이가 놀이터에서 한달음에 달려왔다.

"엄마, 학습지 좀 시켜 주세요"

"왜 하고 싶어?"

"저는 수학과 과학을 좋아하니까 공부하면 좋을 것 같아요."

축복이의 말을 들은 방문 학습지 교사는 그 틈을 놓치지 않았다.

"그러면 문제 한번 풀어 볼래?"

"예!"

축복이는 놀이터 벤치 근처에 설치된 학습지 홍보 부스에 들어가 혼자 문제를 풀었다. 같이 놀던 형과 동생들은 갑자기 사라진 축복이를 찾더니 학습지 부스로 우르르 모여들었다. 축복이는 한동안 꼼짝하지 않고 앉아서 문제를 풀었다. 학습지 홍보를 하는 교사는 스스로 시켜 달라고 해서 찾아오는 애는 처음이라며 수학 학습지를 권했지만 나는 등록하지 않았다. 매일 기계처럼 반복적으로 정해진 양의 문제를 푸는 것보다 수학에 대한 흥미를 잃지 않는 게 더 중요하다고 생각했기 때문이다.

사랑이도 1학년이던 어느 날 내게 말했다.

"엄마, 저 속상한 게 있어요. 수학 시간에 뺄셈을 했는데 좀 어려워서 몇 개 틀렸어요."

"그랬구나. 처음부터 잘하는 사람은 없어. 그럼 엄마랑 같이 집에서 복습해 볼까?"

"네. 저녁 활동 시간에 수학 공부 할래요."

입학 전, 문제집 푸는 공부를 해 본 적 없는 사랑이는 학교 수학 시간에 본인이 부족한 것이 무엇인지 스스로 파악했다. 그리고 잘하고 싶은 마음, 즉 내적 동기에 의해 수학 공부를 해야겠다는 계획을 스스로 세워 나갔다.

● 배움에서 가장 중요한 것은 호기심과 내적 자발성

자신이 무엇을 원하는지, 하고 싶은 게 무엇인지 스스로 알고 배움에 대한 호기심을 잃지 않는 것이 공부의 시작이자 끝이라고 생각한다. 부모가 아이보다 몇 발 앞서 최신 교육 정보와 학원 정보를 얻고 그것을 아이에게 강요하는 순간, 아이는 내적 자발성과 세상에 대한 호기심을 잃는다. 푸르게 자라야 할 어린싹은 그렇게 꺾이고 시들어 버리는 것이다. 그리고 우리 아이들의 마음속엔 공부는 재미없는 것, 억지로 해야 하는 것, 시험 보고 나면 다시는 하고 싶지 않은 것이라는 관념을 심어 주게 된다.

물론 공부가 매번 재미있을 수는 없다. 어느 순간에는 참고 견디며 해야 하는 시기도 반드시 온다. 그러나 열 살 이전의 아이들에게 더 중요한 건 공부에 대한 '감정'이다. 공부를 세상에 대해 알아 가는 즐거운 것, 꿈을 이루게 해 주는 통로라고 인식하고 느끼게 해 주는 것이 무엇보다 중요하다.

부모인 우리가 공부에 대한 관점을 조금만 다르게 가져 보면 어떨까. 엄마의 정보력이 중요하다는 세상의 말을 따르기보다 한

발짝 뒤에서 내 아이가 스스로 관심사를 찾게 도와주면 어떨까. 부모의 관점이 변하면 우리 아이들도 즐겁게 공부할 수 있지 않을까. 아이들이 즐겁게 스스로 공부하는 나라, 생각만 해도 흐뭇하다. 부모의 작은 관점 변화에 우리 아이의 행복한 오늘이 달려 있다.

7장

자녀는
부모의 스승으로 온다

내 안의 울고 있는 어린아이

축복이가 다섯 살, 사랑이가 세 살 때 우리는 가정 보육 중이었고, 놀이터에서 거의 살다시피 했다. 아침 먹고 느지막이 놀이터에 나가 보면 또래 아이들은 없었다. 그 연령대 아이들은 어린이집이나 유치원에 가니 오후 늦게나 또래 친구들을 만날 수 있었다. 대신 점심만 먹고 일찍 하교하는 초등학생 형들이 보였다. 축복이는 형들과 놀고 싶어서 다가가 같이 놀자고 했다. 같이 놀아 주는 친절한 형들도 있었지만 그렇지 않은 형들도 적지 않았다. 그러면 축복이는 형들이 자기랑 안 논다며 풀이 죽어 시무룩해졌다. 때론 울거나 화를 내기도 했다. 또래 친구들과 놀다가도 의견이 맞지 않거나 요구가 받아들여지지 않을 때면 속상해했다.

속상해하는 아이를 보며 나도 마음이 좋지 않았지만, 달래 주려 애썼다. 그러면 아이는 기분이 나아져 다른 친구랑 놀 때도 있지만, 좀처럼 기분이 풀리지 않을 때도 있었다. 그럴 땐 나도 인내심에 한계가 왔다. 급기야 화를 내기도 했다.

"친구랑 놀 때는 그럴 수 있어! 네 마음대로만 될 수는 없잖아! 자꾸 속상해하고 화낼 거면 놀이터 나오지 마!"

달래도 달래지질 않는 아이를 보며 난 '상냥한 엄마'에서 '악쓰는 엄마'로 돌변해 있었다. 아이가 속상한 건 아는데 그 모습을 보는 게 힘들었다. 아이라면 울 수도 있고 속상할 수도 있다. 그러나 아이가 약한 모습을 보일 때 아이의 감정에 공감해 주는 게 아니라 감정을 억압하고 화를 내는 나 자신을 발견했다. '남자가 뭐 그깟 일로 울고 그래?', '사내대장부는 씩씩해야지. 우는 거 아니야' 등 무의식에 각인된 관념들은 내 아이가 우는 모습을 있는 그대로 보지 못하게 했다. 그리고 속상하다고 자꾸 울게 놔두면 정말로 나약한 인간이 될 것만 같은 불안감에 아이의 울음을 억압했다.

내 안의 화가 올라오며 아이를 있는 그대로 인정하지 못하는 순간은 한두 번이 아니었다. 그때마다 나는 '악쓰는 엄마'가 되어 있었다. 기껏 음식을 해 놓았는데 맛없다고 안 먹으면 화가 치밀었고, 식탁에서 장난이라도 치면 눈에서 레이저가 나올 듯 아이들을 노려보게 됐다. 둘이 놀다가 다투는 일이 반복되면 애들 울음소리보다 더 크게 호통을 쳤다. 어떨 땐 징징대며 우는 소리가 듣기 싫었고, 아이가 화내는 모습은 더 싫었다. 아이들이 느끼는 감정을 있는 그대로 인정해 주는 게 참 힘들었다. 인정해 주고 싶지 않았다.

그런데 그렇게 아이들을 혼내고 혼자 있을 때면 '내가 왜 이럴까, 분노조절장애인가'라며 하염없이 자책했다. 지금까지 느껴 보지 못한 이 분노의 정체는 무엇인지 당혹스러웠다. 아이들을 대하며 내가 느꼈던 감정을 원초적이고도 본능적이었다. 머리로는 아니라는 생각이 들면서도 소리를 지르고 악을 쓰는 나를 발견할 때면 내 자존감은 바닥으로 떨어졌다. 형편없는 인간이라는 생각이 하루에도 수십 번씩 나를 괴롭혔다. 이 분노의 정체는 뭘까. 내 안의 이 원초적인 감정을 어떻게 다스릴 수 있을까. 이를 알기 위해 꼭 살펴봐야 할 게 있었다. 다름 아닌 '나의 내면'이었다.

⦂ 우리 모두의 내면에 존재하는 상처받은 어린아이

우리 모두의 내면엔 네 살짜리 꼬마 아이가 살고 있다. 상처받은 '내면의 어린아이'다. 어린 시절에 받았던 상처가 해결되지 않은 채 성인이 되었다면, 상처받은 내면 아이는 여전히 내면에 자리하며 자신의 존재를 알아 달라고 신호를 보낸다. 그러나 우리는 대부분 내면의 상처를 인지하지 못한 채 성인이 되고 부모가 된다. 겉으로 보기에는 멀끔한 어른이지만 내면에는 여전히 성숙해지지 못한, 상처받은 어린아이가 존재하는 것이다. 자기 내면에 존재하는 이 어린아이의 상처를 치유하지 못하고 부모가 된다면 자신도 모르는 사이에 자녀에게 상처를 주게 된다. 상처가 대물림되는 것이다.

이 세상 어떤 부모도 사랑하는 자녀가 상처받는 걸 원하지 않는다. 눈에 넣어도 안 아픈 아이들이기에 어떤 작은 상처라도 받지 않게 하려고 노심초사하는 게 모든 부모의 마음이다. 그러나 부모인 우리 내면에 상처받은 어린아이가 있다는 점을 자각하지 못하면 우리는 무의식적으로 말로든 행동으로든 자녀에게 상처를 주게 된다.

'상처받은 내면 아이'의 존재는 무엇일까. 내면 아이는 어린 시절에 우리가 해결하지 못한 감정들이 켜켜이 쌓여 내면의 인격체가 된 것을 말한다. 슬픔이나 화, 분노 등의 감정이 생겼을 때 이를 충분히 풀어내지 못하고 억압했다면 그 감정들은 그의 내면에 고스란히 억눌려 있게 된다. 그 억눌린 감정은 의식이 아닌 무의식에 저장되기 때문에 평소에는 내 안에 이러한 감정들이 억눌려 있는지조차 알지 못한다. 따라서 사람들 대부분은 자기 내면에 억눌려 있는 감정들을 들여다볼 생각도 하지 못한 채 바쁘게 일상을 살아간다. 나 역시 그랬다. 아이들이 엄마인 나의 내면을 거울처럼 비춰 주기 전까지는.

임상심리학 박사 셰팔리 차바리는 《깨어 있는 부모》에서 "아이가 부모에게 오는 이유는 부모가 마음속 상처를 깨닫고, 그 상처로 인한 한계를 뛰어넘으려는 용기를 갖게 하기 위함"이라고 했다. 아이들은 영적인 존재이기에 부모인 우리의 무의식을 거울처럼 비춰 준다. 아이를 키우다 보면 내 안의 숨겨진 감정을 만나게 된다는 점에 공감할 것이다. 바로 무의식 깊은 곳에 억눌려 있어 나조차 알지 못했던 감정의 찌꺼기들이다. 빛으로 이 세상에 온 아이들은 우리가 어두운 곳에 밀어 두었던 그 감정의 찌꺼기들을 직면하게 해 준다. 내 안에 억눌려 있던 화, 분노, 짜증, 불안, 두려움 등의 감정을 말이다.

내가 자랄 때만 해도 사회 분위기는 보수적이었다. 감정을 드러내는 것에 대해 유독 엄격했다. 울음, 화 등의 감정은 드러내지 않는 게 미덕이었다. 그러다 보니 아이들이 울면 "울면 못 써, 그만 울어, 뚝!"이라고 다그쳤고 "남자는 태어나서 세 번만 울어야 한다"며 우는 아이에게 수치심을 줬다. 화를 내는 아이에게는 "어디 어른 앞에서 버릇없이 화를 내?"라며 혼을 냈다. 그러다 보니 우리는 화가 나거나 울고 싶을 때 이를 건강하게 표현하는 법을 배우지 못했다. 산타 할아버지조차 우는 아이들에게는 선물을 안 주시는데 어떻게 마음 놓고 울겠는가.

● 부모 내면의 억눌린 감정을 알아차리는 것이 중요한 이유

내면 아이 치유의 권위자인 존 브래드쇼는 《상처받은 내면 아이 치유》에서 "아이가 받을 수 있는 가장 큰 상처는 그들의 진정한 자아가 거부되는 것"이라고 했다. 부모가 아이들의 감정이나 욕구, 바람이 무엇인지 알아주지 않는다면, 그것은 곧 부모가 아이의 진정한 자아를 거부하는 것이며 그러면 아이에게는 거짓 자아가 만들어지게 된다고 말이다.

어린아이들을 보면 자신의 감정을 숨기지 않고 날것 그대로 표현한다. 이때 부모가 아이들의 감정을 있는 그대로 거울처럼 비춰주면 아이는 자신이 느끼는 감정이 무엇인지 알게 되고 이를 다룰 수 있게 된다. 분노나 불안도 인간이 느낄 수 있는 자연스러운 감정이기 때문이다. 그러나 우리는 감정은 숨기거나 억눌러야 하는 것으로 배웠다. 우리의 부모도 윗세대에게 그렇게 교육받았기에 우리 역시 화가 나도 참고, 힘들어도 견디는 게 미덕이라고 배웠다. 어른들 앞에서는 더욱 그랬다.

문제는 표현하지 못한 감정은 없어지지 않는다는 것이다. 이는 각자 내면의 어두운 그림자가 되어 무의식 어딘가에 쌓여 있다. 그러다 술에 취하거나 실연당했거나 누군가 자기 내면을 비춰 주면 무의식에 억눌렸던 그림자, 즉 내면의 어린아이는 모습을 드러낸다. 그리고 억눌렸던 감정들은 폭발적으로 쏟아져 나오게 된다.

이성적으로는 통제할 수 없는 강한 분노나 주체할 수 없는 슬픔은 바로 억눌렸던 감정들이다.

부모가 자기 내면의 이러한 그림자를 인식하지 못하고 있으면 그 감정은 고스란히 아이에게 전가된다. 부모 안에 울지 못해 억눌려 있는 어린아이가 존재한다면 아이의 울음을 있는 그대로 받아 주지 못한다. 아이가 우는 소리를 들을 때마다 어릴 때 울지 못하고 억눌렸던 감정이 건드려지면서 고통스럽기 때문이다.

20세기 최고의 정신의학자 엘리자베스 퀴블러 로스는《상실 수업》에서 "30분 동안 울어야 할 울음을 20분 만에 그치지 말라. 눈물이 전부 빠져나오게 두라"라고 했다. 아이가 울 때 나의 내면이 불편하다면 내 안에 쏟아 내야 할 눈물이 있다는 뜻이다. 아이가 화를 낼 때 나의 내면이 같이 공명한다면 내 안에도 털어 내야 할 화가 억눌려 있다는 뜻이다.

아이들이 보여 주는 감정에 따라 마음이 요동친다면 그것은 나의 내면을 들여다보라는 신호다. 나의 내면에 어떠한 감정이 억눌려 있는지 자각할 중요한 기회다. 이때 내 내면의 억눌린 감정들을 인정하고 받아들일 수 있다면 내 아이가 보여 주는 어떠한 감정도 편안하게 받아들일 수 있을 것이다. 그리고 그렇게 아이의 감정을 있는 그대로 받아들일 때 아이는 부모에게 진정으로 사랑받고 존중받는다고 느낄 것이다. 아이를 위해 부모인 우리가 먼저 점검해야 할 것은 다른 어떤 것도 아닌, 부모 자신의 '내면'인지 모른다.

부모의 내면을 거울처럼 비춰 주는 아이들

사랑이가 유치원생 때의 일이다. 아이의 손을 잡고 등원하고 있는데 유치원 앞에서 같은 반 엄마를 만났다.

"안녕하세요. 희주는 벌써 들어갔나 보네요."

"안녕하세요. 방금 올라갔어요. 사랑아, 안녕?"

엄마들끼리는 서로 인사를 하고 헤어졌는데 사랑이가 인사를 안 한 것 같았다. 희주 엄마가 지나간 후에 사랑이에게 물었다.

"사랑아, 상대방이 지나가고 나서 인사하니까 못 보잖아. 다음에는 먼저 인사를 하자."

"아까 먼저 했어요!"

그 대답을 하는 말투가 짜증을 내는 듯이 느껴졌다. 그 순간,

나 역시 짜증이 확 올라왔다. 등원하는 아이를 생각해 나의 화를 알아차리고 심호흡을 하며 사랑이에게 화를 내지 말아야 했는데 그러지 못했다. 난 길가에 아이를 세워 놓고 일장 연설을 했다.

"엄마가 얘기하면 '네, 엄마' 하고 받아들여야지, 왜 짜증 섞인 목소리로 대답하고 그래? 오빠가 얘기할 때도 엄마가 그러지 말랬지? 너보다 나이 많은 사람들한테는 예의 바르게 해야 한다고 했어, 안 했어? 태도가 왜 그 모양이야?"

나는 화를 주체하지 못하고 하지 말아야 할 말까지 아이에게 쏟아 내고 있었다. 아이는 지나가는 사람들을 곁눈질로 의식했다.

"쳐다보지 말고 엄마 말 들어!"

나는 아이를 무섭게 노려보며 모든 상황을 통제하려고 했다. 아이는 내 눈치를 보며 어쩔 수 없이 "네"라고 대답했다. 일장 연설을 늘어놓고도 화가 풀리지 않은 난 아이에게 유치원에 혼자 올라가라고 했다. 아이들이 다니던 유치원은 긴 계단을 올라가야 정문이 나오는데 늘 문 앞까지 함께 올라갔었다. 그런데 화가 풀리지 않은 나머지 난 아이에게 혼자 올라가라고 쌀쌀맞게 말했다.

사랑이는 계단을 터덜터덜 올라가면서 계속 뒤를 돌아봤다. 계단 끝에 올라가서는 내게 손을 흔들어 보였다. 발걸음을 옮기지 못한 채 주춤거리며 울먹이는 표정이었다. 내가 무표정하게 계단 아래에서 미동도 없이 서 있으니 사랑이는 체념한 듯 거의 울 듯한 모습으로 유치원 정문을 향해 돌아섰다. 그런데 그 모습을 보는 순간 내 마음이 흔들렸다. 아이의 뒷모습을 보는 순간 내 마음이 흔들렸던 이유는 아이의 마음과 감정이 걱정되어서가 아니라 선생님의 반응이 신경 쓰여서였다.

선생님이 울먹이는 아이를 보며 '엄마가 아침부터 애를 얼마나 혼냈길래 애가 울면서 혼자 등원하지'라고 생각할까 걱정이 되었다. 내 이미지가 안 좋게 보이고 나쁜 엄마로 평가받을까 봐 두려웠다. 아이의 마음이 힘든 상황에서 정작 내가 신경 쓴 건 부끄럽게도 아이의 마음이 아니라 선생님의 반응과 나의 체면이었다. 나는 마치 아이를 위하는 듯 급하게 계단을 올라가 사랑이를 달래고 정문까지 따라가 손을 흔들어 주었다.

● 무의식을 의식화하지 않으면 그것은 운명이 된다

사랑이의 그날 모습은 아이가 보일 수 있는 자연스러움 그 자체였다. 내 마음에 여유가 있었다면 지나칠 수 있는 별것 아닌 상황이었다. 아이의 말투가 짜증스럽게 느껴진 것도 주관적인 판단이었다. 이것은 아이의 문제가 아니었다. 내 내면의 문제였다. 그 짧은 순간 내 안의 그림자들이 건드려졌고 이는 괴물처럼 자신의 존재를 드러냈다. 어른에게 인사를 제대로 안 해서 내 아이가 '예의 바르지 않은 아이'로 평가받을지 모른다는 두려움, '애를 제대로 키우지 못했다'라는 소리를 들을 것 같은 불안함, '겉과 속이 다른 이중인격 엄마'라고 평가받을 것 같은 수치심, '안 좋은 엄마'로 여겨질 것 같은 열등감, 그리고 무엇보다 이 부정적인 감정을 내 아이에게 투사*했다는 죄책감까지. 그 모든 원초적 감정들이 소용돌이치며 나를 덮쳤다. 몇십 년간 억눌려 있던 내 그림자는 무섭게 자신의 존재를 드러냈다. 그리고 성난 그림자, 즉 내면 아이는 불같이 화를 내며 아무 잘못 없는 딸아이를 공격했다.

분석심리학자인 카를 융은 "무의식을 의식화하지 않으면 그것이 그 사람의 운명이 된다"고 했다. 자신의 무의식에 어떠한 것들이 억눌려 있는지 스스로 자각하지 못한다면 그 사람의 삶은 무의식의 지배를 받는다는 말이다. 우리는 살아가면서 스스로 의식적으로 말하고 행동한다고 생각하지만 실제로는 그렇지 않다. 대부분은 무의식적으로 살아간다. 무의식적으로 살아간다는 말은 자신의 무의식에 어떠한 그림자, 내면 아이가 억눌려 있는지 알지 못한 채 평생을 살아간다는 뜻이다. 그것이 자기 생각 혹은 의식에서 나왔다고 착각한 채로.

정신분석학의 창시자 프로이트는 '무의식'이라는 개념을 처음 발견했다. 무의식이란 '꿈이나 정신분석의 방법을 통하지 않고는

---

* 자신의 성격, 감정, 행동 등을 스스로 납득할 수 없거나 만족할 수 없는 욕구를 가지고 있을 때 그것을 남의 탓으로 돌림으로써 자신은 그렇지 아니하다고 생각하는 일. 또는 그런 방어 기제. 《표준국어대사전》

알아차릴 수 없는 의식'을 말한다. 프로이트는 의식과 무의식을 빙산으로 비유했는데 물 위에 떠 있는 10~20%는 우리가 이성적으로 사고하는 의식의 부분이지만, 물 아래 잠겨 보이지 않는 빙산의 80~90%는 우리가 의식하지 못하는 무의식의 영역이라고 했다. 이 무의식 영역에는 두려움, 폭력성, 부도덕한 충동, 수치스러운 경험, 이기심 등이 잠자고 있는데 이러한 내면의 그림자, 즉 무의식은 전 생애에 걸쳐 "우리의 행동과 정서를 지배한다"고 했다.

● 불안과 상처를 대물림하는 부모의 무의식적 언행

아이가 보이는 어떤 행동 또는 특정 상황에서 유독 화가 났던 경험이 있을 것이다. 난 아이가 밥을 잘 안 먹으면 화가 났다. 내가 어렸을 때 잘 안 먹는다고 꾸중 듣고 억눌렸던 감정과 키는 어느 정도 커야 한다는 사회적 관념이 더해지며 잘 안 먹는 아이가 마치 문제가 있는 것처럼 여겨졌다.

입맛에 안 맞으면 안 먹을 수도 있고, 한 끼 굶을 수도 있는데 한 끼라도 거르면 내 마음이 불편했다. 무엇보다 '키가 크다, 작다'는 상대적인 것인데 한때 언론에서 회자되던 '남자는 180cm, 여자는 168cm가 가장 이상적인 키'라는 생각을 받아들였던 나는 아이를 있는 그대로 인정하지 못하고 있었다. 그러다 보니 아이가 스스로 먹을 수 있게 기다려 주는 게 아니라 억지로 떠먹인다든지, 그만 먹는다고 해도 끝까지 먹이려고 한다든지, 깨작거리는 것 같으면 제대로 먹으라고 화를 냈다. 부끄럽게도 나의 무의식에는 키가 큰 것이 우월한 것이고 그 사람의 가치를 보여 주는 것이라는 왜곡된 관념이 자리 잡고 있었던 것 같다.

아이가 보이는 모습에 내 무의식 속 불안감이 자극받을 때도 잦았다. 유치원에 가기 싫다고 떼를 쓰면 잘 달래다가도 '내 아이가 기관에 잘 적응하지 못하면 어떡하지', 학교에서 시험을 본다고 하면 괜히 내가 긴장되고 '못 보면 어쩌나', 책을 안 보고 매일 놀기만 하는 것 같을 때는 '사교육도 안 하는데 책마저 안 보면 어떡하지' 하는 불안한 마음이 들었다.

12년 넘게 성적으로 평가받고, 등수로 매겨지는 서열 속에 살아왔던 우리 세대의 무의식에는 공부를 잘해야 선생님께 이쁨받고 사회에 나가 무시당하지 않는다, 한국에서 먹고살려면 일단 대학은 나와야 한다는 등의 뿌리 깊은 관념이 자리 잡고 있었다. 이렇게 보이지는 않지만, 그 나라 혹은 민족이 공유하는 무의식을 카를 융은 '집단 무의식'이라고 불렀다. 그런데 우리는 이것이 우리 국민이 가지고 있는 '집단 무의식'이라는 것을 알아차리지 못한 채 "너 이 성적 가지고 대학은 갈 수 있겠니?", "너 나중에 뭐 먹고 살래?"라는 말로 우리의 무의식적 불안을 아이들에게 대물림하고 있다.

● 분노의 지점에 나의 어릴 적 상처가 존재한다

아이를 키우며 아이에게 화가 나거나 분노가 폭발하는 지점이 있다면 자신이 어릴 때 상처받은 경험이 있다는 뜻이다. 즉 해결해야 할 내면의 그림자가 있다는 신호다. 나는 아이들을 키우며 이러한 지점을 수도 없이 마주쳤다. 그리고 내가 화가 나는 이유는 '아이들 때문'이 아니라 나의 무의식에 '해결해야 할 상처'가 있기 때문이라는 것을 받아들여야 했다. 아이들의 모습에는 좋고 나쁨이 없다. 단지 내가 어떠한 관념을 갖고 있느냐에 따라 아이들의 행동이 다르게 보일 뿐이다.

나는 아이의 고유한 빛을 내 그림자로 가리고 싶지 않았다. 아이의 맑은 영혼을 지켜 주고 싶었다. 그러려면 아이와 함께 지내면서 화와 분노가 올라올 때마다 아이가 아닌, 나의 내면으로 시선을 돌려야 했다. "너 때문에 엄마가 화가 난다", "네가 이러니까 엄마가 화가 나지!"라는 말로 아이에게 나의 무의식적 분노를 투사하는 게 아니라 '아이의 이러한 행동을 볼 때 나는 왜 화가 나는 걸까'라고 관점을 전환했다. 그리고 아이들이 비춰 준 나의 무의식 속 감정이 자극받을 때마다 분노로 아이들을 통제하지 않으려고 노력했다. 그래야 아이들의 타고난 주도성을 해치지 않을 수 있기 때문이다.

그렇게 오랜 시간에 걸쳐 쌓여 온 무의식 속 쓰레기 같은 감정들을 조금씩 해소해 갔다. 내 무의식을 직면하는 과정은 고통스러웠다. 그러나 그 과정을 거치면서 나는 조금씩 아이들을 있는 그대로 사랑하는 방법을 배우게 되었다. 아이들이 엄마인 나를 있는 그대로 사랑해 주는 것처럼 말이다.

나 자신을 있는 그대로 인정하는 것

나는 예민한 기질의 소유자다. 후각, 청각, 촉각 등이 다른 사람들보다 섬세하다. 매우 작은 소리를 잘 듣고 멀리서 풍기는 냄새도 잘 맡는다. 피부에 닿는 옷의 재질에도 민감해 까끌까끌한 재질은 못 입는다. 신발도 편한 것만 신는다. 타인의 감정에 공감을 잘하고 작은 변화도 잘 알아차린다. 웃음도 많고 눈물도 많다. 그게 나라는 사람이다. 그런데 앞서 열거한 예민한 특성만 놓고 보면 '좋고 나쁨'이 없다. 그저 수많은 기질 중 하나일 뿐이다. 그러나 이를 좋고 나쁨으로 구분하고 판단하기 시작한다면? 여기서부터 문제는 시작된다.

나는 나의 예민한 기질을 좋아하지 않았다. 아니, 싫어했던 것 같다. 예민함이 사는 데 불편하다고 생각했다. 무던하고 덤덤한 기질, 얼마나 좋은가. 나도 무던하고 싶었다. 사회에서도 예민한 기질이라고 하면 좋게 말해 '예술가적 기질'이라고 하지만 다르게 표현하면 다소 '까칠하다'라고 묘사된다. 예민한 기질이 싫었던 나, 점점 '아닌 척'으로 나를 포장하기 시작했다. 불편해도 아닌 척, 힘들어도 안 힘든 척, 안 괜찮아도 괜찮은 척, 가면을 쓰기 시작했다. 이러한 나의 연기는 사람들에게 늘 '좋은 성격'으로 비춰졌지만, 나는 진짜 내 모습을 점점 더 어두운 구석으로 밀어 넣어 그림자를 만들었다.

● 인간은 천 개의 페르소나를 갖고 있다

그러는 사이 나의 가면은 점점 더 두껍고 정교해져서 '그 가면의 모습이 진짜 나인가?' 나조차 착각하게 되었고, 사람들은 가면 쓴 모습을 '진짜 나'라고 생각하게 되었다. 이렇게 회사에서, 동료 모임에서 사람들을 만나고 돌아오면 가면을 벗은 나의 진짜 모습과 마주하게 되었다. 사람들에게 인정받고 사랑받기 위해 가면으로 숨기고 있던 진짜 나의 모습 말이다.

날개가 물에 흠뻑 젖어 날지 못하는 한 마리 나비처럼 나는 완전히 지쳐 있었다. 나 아닌 모습으로 연기하는 데 온 에너지를 쏟은 날이면 더욱 지치고 공허했다. 그러한 공허함을 달래기 위해 퇴근 후에는 텔레비전 프로그램을 돌려 보거나 친한 친구와 전화로 수다를 떨며 시간을 보냈다.

카를 융은 "인간은 천 개의 페르소나(Persona)를 갖고 있고, 상황에 맞게 꺼내 쓴다"고 했다. 페르소나는 고대 그리스에서 배우들이 쓰던 가면을 일컫는데, 이후 분석심리학에서 '타인에게 보이는 외부 성격, 사회생활을 할 때 걸치는 얼굴'을 뜻하는 말로 쓰게 되었다. 즉 자신이 속한 조직에서 요구되는 역할이나 규범 등이 있으면 사람들은 '사회적인 가면'을 쓰고 자신의 진짜 모습을 숨긴다는 것이다.

누구나 집에서의 모습과 밖에서의 모습은 다르다. 학교에서, 회사에서의 모습과 혼자 있을 때의 모습이 다르다. 우리는 누구나 사회적 가면을 쓰고 살아간다. 그 가면은 내가 사회에 적응하고 타인과 함께 살아갈 수 있게 해 주는 중요한 수단이다. 그러나 나 자신에 관한 인식이나 나만의 가치관이 내면에 확고하게 자리 잡고 있지 않으면 카를 융이 말한 '천 개의 페르소나' 중 어떤 것이 진짜 내 모습인지 자신조차 모를 수 있다. 그저 남들이 원하는, 사회가 원하는 모습에 나를 맞춘 '가면 쓴 인생'을 살게 될 수도 있다. 만약 아이가 없었다면 나는 내가 가면을 쓴지도 모른 채 생을 마쳤을지 모른다. 그러나 아이들은 엄마인 나의 예민한 기질을 거울처럼 비춰 주면서 가면을 벗은 '진짜 나'를 직면하게 해 주었다.

⦂ 나의 그림자를 비춰 주는 아이들

축복이는 나의 예민함을 많이 닮은 아이다. 청각이 발달해 어려서부터 작은 소리에도 잠이 깼고 후각이 발달해 냄새를 기막히게 잘 맡았으며 미각은 또 어찌나 발달했는지 조금이라도 매우면 못 먹었다. 촉각은 말할 것도 없어서 서너 살 때는 옷의 상표 라벨이며 세탁 시 주의사항 등을 표시한 케어 라벨을 모두 가위로 잘라 달라고 했다. 정말 피곤했다. 애 보는 것만으로도 피곤한데 요구사항이 너무 많았다. 누우면 자고 냄새에는 무던하며 음식도 주는 대로 아무거나 잘 먹으면 얼마나 좋을까? 그러나 그건 나 혼자만의 바람일 뿐이었다.

둘째가 태어났다. 사랑이는 축복이와는 다르게 누우면 잠이 들었다. 심지어 오빠가 옆에서 소리 지르고 노는데도 깨지 않았다. '다행히 한 명은 순둥이로구나.' 그러나 그것도 잠시, 클수록 아이의 본성이 드러났다. 잠만 잘 자는 거였지 예민한 건 마찬가지였다. 어쩌면 한술 더 떴다. 아침마다 조금이라도 머리카락이 엉켜서 빗질이 잘 안되면 냅다 소리를 질러 대며 울었다. 머리카락만 빗었을 뿐인데 "엄마 나빠"를 외치며 울음바다가 됐다. 저녁에 목욕시킬 때 머리를 감기면 아프다며 또 소리를 질렀다. 목청은 태어날 때부터 타고나서 목욕탕이 쩌렁쩌렁 울려 댔다. 살살 해도 아프다, 엉키면 더 아프다 꽥꽥 소리를 질렀다. 정말 힘들었다.

내 컨디션이 좋은 날에는 아이의 감정을 있는 그대로 인정해 주면서 "아프구나, 살살 할게"라고 대응해 주다가도 몸이 지치고 피곤한 날이면 "이제 좀 그만해라!"라는 말이 절로 나왔다. 내게 화가 나서 토라지면 처음에는 아이에게 사과하며 풀어 주다가도 쉽게 기분이 풀리지 않으면 너무 지치고 나조차 화가 났다. 아이가 속상해서 울 땐 그 울음소리가 듣기 싫어서 "그만 울어!"라며 나도 모르게 우는 아이를 윽박질렀다.

아이들이 예민한 나의 모습을 보여 주는 게 싫었다. 나조차 끔찍이 싫어 숨기고 부정하려 애썼던 그 모습을 아이들은 그대로 보여 주었다. '~인 척'이 없는 날것 그대로의 모습을 말이다. 지금까지 '천 개의 페르소나'를 적재적소에 잘 사용하며 30년 넘게 예민하지 않은 척, 쿨한 척, 명연기로 잘 살아왔는데 한 명도 아닌 두 아이 모두 나의 모습을 그대로 보여 주다니, 인정하고 싶지 않았다. 부정하고 싶었다. 아이들만큼은 나처럼 예민하지 않고 무던한 기질로 태어나 '둥글둥글 성격 좋다'는 소리를 들으며 편안하게 살기를 바랐다. 그러나 현실은 냉혹했다. 두 아이는 온갖 예민한 모습을 보여 주며 내 그림자를 건드렸다.

미국의 정신분석가 로버트 A. 존슨은 《당신의 그림자가 울고 있다》에서 '성장한다는 말은 집단문화가 수용하는 것과 수용하지 않는 것을 가려내 전자를 습관화하는 것'이라고 했다. 사회가 수용하는 것은 '자아', 수용하지 않는 것은 '그림자'가 되는데, 그림자란 한마디로 '심리의 어두운 측면'을 의미한다는 것이다. 즉 그림자란 사회적 기준으로 볼 때 받아들일 수 없어 내면에 억눌린 '자아의 또 다른 면'을 말한다.

아이가 울 때 내가 화났던 건 무의식으로 밀어 넣었던 나의 그림자가 건드려졌기 때문이다. 아주 오랜 시간 사회가 원하지 않아 나조차 받아들이지 않고 그림자로 살게 했던 나의 본성이 자신의 존재를 온 힘 다해 드러내고 있었다. 이제는 알아봐 달라고, 모른 척하지 말아 달라고 말이다.

● 내 아이를 있는 그대로 받아들이려면

내 아이의 예민함을 있는 그대로 받아들이려면 내 안의 그림자를 직면해야 했다. 나 스스로 싫어해서 내 안 어두운 구석으로 밀어 넣었던 그림자들을 있는 그대로 바라보고 인정해야 했다. 그렇지 않으면 아이들의 예민한 기질을 있는 그대로 인정할 수 없을 것이라는 걸 깨달았다. 내가 예민함을 억누르며 '나 아닌 나'로 살아왔듯이, 내 아이들도 '거짓 자아로 평생을 살아가야 할 것'이라는 것도 보였다. 내가 변해야 했다. 변하지 않으면 두 아이에게 나의 상처를 대물림하게 될 것이라는 걸 자각한 순간, 나는 선택하고 다짐했다. 아이들만큼은 있는 그대로의 자기 자신으로 살게 해 주고 싶다고.

힘들면 쉬고, 아프면 아프다고 말하고, 속상하면 마음껏 우는, 자신의 감정과 느낌에 솔직한 아이들로 크게 하고 싶었다. 힘든데도 인정받기 위해 쉬지 못하고, 아파도 약해 보이지 않기 위해 울지 못하는 아이들로 자라게 하고 싶지 않았다. 자신들의 예민함이 숨겨야 할 그 어떤 것이 아니라 어쩌면 신이 주신 하나의 축복이 될 수 있다는 걸 알게 해 주고 싶었다. 그리고 자신의 모든 면을 있는 그대로 받아들일 때 자유롭다는 걸 알려 주고 싶었다. 남들은 까칠하다고 말할지언정 자기 자신을 사랑하고 직감을 믿는 아이들로 자라게 하고 싶었다. 그런데 그 모든 것의 시작은 놀랍게도 엄마인 내가 나 자신을 있는 그대로 인정하고 받아들이는 데 있었다. 그리고 내가 나를 온전히 바라볼 때 아이의 온전함도 발견할 수 있었다.

육아나 교육에 대해 말할 때, 우리의 시선은 늘 먼저 아이를 향한다. 내 아이를 어떻게 하면 잘 키울 수 있을까, 어떻게 하면 내 아이가 최고의 교육을 받게 할까. 그러나 그 시선이 먼저 향해야 할 곳은 우리 자신이다. 내가 어떤 사람인지, 내 안에 어떤 그림자가 숨어 있는지 아는 것이 먼저다. 그래야 아이들의 모습을 어떤 판단이나 평가도 하지 않고 있는 그대로 받아들일 수 있다. 그러한 부모의 따뜻한 시선이 우리 아이들을 활짝 꽃피울 수 있다.

'82년생 김지영' 엄마의 해방일지

두 아이와 전쟁 같은 하루를 보내고 나면 거울 앞에 서서 내 얼굴을 바라볼 여유조차 없었다. 카메라 앞에 서기 전, 자연스러운 표정과 발음을 연습하려고 매일 거울을 들여다봤던 나로서는 이런 생활을 상상해 본 적도 없다. 그런데 이제는 거울을 보며 나를 꾸미는 건 사치가 되어 버렸다. 가끔 거울 앞에 서 있는 거무죽죽한 피부의 아줌마를 보며 '내가 맞나'라는 생각이 들 때는 서글프기도 했다. 그렇게 나의 30대는 지나갔다.

육아를 하며 집에만 있으니 세상과 단절된 느낌이 들었다. 책에 재미를 붙이면서 텔레비전 프로그램은 보지 않았고, 매일 보던 신문은 아이들의 가위질 놀잇감으로 전락했다. 매일 아침 블룸버그

통신과 경제 뉴스를 체크하며 하루를 시작했던 나는 이렇게 세상 일에 관심을 두지 않아도 매일 해는 뜨고 진다는 것을 새삼 느꼈다. 두 아이와 붙박이로 집에 붙어 있으니 인간관계도 제한됐다. 비슷한 시기에 출산을 한 친한 친구 몇을 제외하고는 소원해졌다.

그러다 보니 내 삶은 정체되고 퇴보하는 듯했다. 이렇게 아이들 뒷바라지하다가 늙는구나 싶었다. 그런 날 불쑥 올라온 새치라도 발견하면 정말 우울해졌다. 젊음을 숭배하는 사회에서 여자로 늙어 간다는 것은 참 서글픈 일이었다. 남자 배우에게는 주름이 늘면 연륜이 생긴다고 말하지만 여자 배우에게는 늙었다며 관리 안 하는 배우로 취급한다. 여러모로 여성에게 가혹한 사회다.

일과 육아 모두 모두 성공하고 싶었던 나는 잘 다니던 직장을 그만두고 프리랜서로 전향했다. 축복이를 낳고 얼마 되지 않아 강의도 하고 행사도 뛰고 대학원까지 진학하고 보니 이렇게 일과 육아 모두 잘해 내는 커리어우먼이 되는구나 싶었다. 그러나 커리어우먼은 고사하고 집구석에서 두 아이와 뒹구는 아줌마가 되어 있었다. 계속 공부한 친구는 박사님, 교수님이 되어 있고, 출산휴가만 마치고 복직한 언니는 팀장님으로 승진하며 승승장구하는 것 같았다. 그런데 나는? 매일 교복처럼 똑같은 옷에 삼시 세끼 밥 차리고 아이들 뒤치다꺼리하며 그냥 이렇게 집에서 늙어 갔다. 너무 슬펐다.

돈도 못 벌고 사회에는 아무런 기여도 못 할 것 같은 불안, 어릴 때 기대했던 사회적 성공과는 멀어지는 느낌, 일과 육아 모두 성공적으로 잘하고 싶었지만, 어느 것 하나 잘하는 것 없는 것 같은 패배감, 다른 사람들과의 비교까지. 이런 느낌은 내 자존감을 바닥으로 추락시켰다. 나는 어두운 터널 안 한가운데에 있었다.

● "열 아들 부럽지 않은 딸이 될게요"

나는 살면서 늘 내 가치를 증명해 보여야 한다고 생각했다. 무슨 일을 하는지, 어떤 결과를 내놓는지가 중요했다. 남들에게 내가 어떻게 보여지는지, 일을 잘하는지, 사람들에게 인정받는지가 삶의 가장 중요한 요소였다. 그런데 그것은 어쩌면 기억조차 나지 않는 내 무의식 깊은 곳에 억눌린 근원의 감정 때문이었던 것 같다.

보수적인 집안에서 장녀로 태어난 나는 어려서부터 증조할머니의 '아들 타령'을 듣고 자랐다. 기억은 나지 않지만, 어른들의 말씀에 따르면 난 대여섯 살 때부터 "열 아들 부럽지 않은 딸이 될게요"라고 말하고 다녔다 한다. 정신분석학자인 에릭 에릭슨의 사회 심리적 발달 이론에 따르면, 36개월부터 72개월까지는 내가 왕이라고 생각하는 자아가 우세한 시기인 동시에 죄책감이 발달하는 시기다. 그런데 왕이 되어 인정받아야 할 시기에 난 스스로의 성 정체성을 부정한 셈이다. 우리 아이들의 다섯 살 때를 기억해 보면 그저 천진한 아이인데 그 작고 어린 민정이가 그런 말을 했었다니…. '나는 나 자신의 욕구보다 어른의 정서에 더 예민하게 반응했구나.' '아들이 아닌 내 존재를 증명하려고 너무나 빨리 애어른이 되어야 했구나.' 이런 생각에 다섯 살 민정이에게 연민의 감정이 들었다.

증조할머니가 나를 사랑하지 않으신 게 아니란 걸 안다. 영성 분야의 세계적인 베스트셀러 작가 루이스 L. 헤이가 《치유》에서 '가해자 역시 누군가의 피해자'라고 했듯이 어린 나의 무의식에 정서적인 상처를 주었던 증조할머니 역시 그러한 시대적 환경의 피해자였고, 할머니의 무의식에도 상처받은 어린아이가 있었다는 걸 이제는 안다. 하지만 당시 다섯 살 어린아이는 그런 맥락을 이해할 수 없었기에 나의 내면에는 '수치심'과 '죄책감'이라는 감정이 뿌리내리게 되었다.

그런 이유로 난 무의식적으로 나의 존재 자체를 있는 그대로 인정하지 못했던 것 같다. 어떠한 방식으로든 나의 존재를 증명해야 한다고 느끼며 살았다. 그렇지 않으면 나의 존재는 무의미하게 느껴졌다. 내 마음속에서는 다른 욕구가 꿈틀거렸음에도 사회적 성공을 위해 쉬지 않고 달렸다. 더 높이 올라가야 나 자신이 가치 있다고 생각했다. 그게 공부든, 일이든, 늘 열심히 살았다. 그게 나를 증명하는 길이었고 '82년생 김지영'이었던 내가 아들 못지않은 딸이 되는 길이었다.

맏이였던 난 그게 나의 역할이자 책임이라고 여겼다. 부모님의, 선생님의, 팀장님의, 상무님의 기대에 어긋나지 않게 살아왔다. 아니, 기대에 부응하기 위해 안간힘을 쓰고 살았는지도 모르겠다. 착한 딸, 모범적인 학생, 우수한 직원이었지만 나 자신에겐 가혹했다. 내 안의 욕구는 억누르고 외면하면서도 그러고 있다는 사실조차 인지하지 못했다. 아이들이 빛으로 세상에 와 내 안에 있는 비교, 분별, 열등의식, 죄책감, 수치심 등 어두운 나의 그림자를 비춰 주기 전까지는 말이다.

전업주부로 살며 느꼈던 박탈감의 뿌리는

18개월 터울로 둘째를 낳고 연년생 육아를 하면서 어쩔 수 없이 강의와 일, 대학원 공부를 모두 그만두게 되었다. 하루아침에 집에서 두 아이를 보며 살림하는 전업주부가 된 것이다. 하지만 난 그 사실을 받아들이지 못했다. 빨리 애들 키우고 대학원도 복학하고 강의도 하고 싶었다. 하지만 내가 생각했던 것 이상으로 아이들에겐 엄마의 손길이 필요했다. 매일 쏟아지는 집안일과 삼시 세끼 밥 차리는 것 또한 보통 일이 아니었다. 그런데 나는 왜 살림하고 육아하는 일을 집에서 노는 거라고 생각했을까. 화가 났다. 우리는 암묵적으로 사회가 주는 메시지에 세뇌되어 살아가지만, 대부분은 그것을 알아차리지 못한다. 나 역시 그랬다. 아마 출산과 육아라는 인생의 가장 큰 사건을 경험하지 못했다면 죽을 때까지 모르고 살았을 것이다.

내가 학창 시절에 '알파걸'이라는 신조어가 등장했다. 하버드대학 교수 댄 킨들런이 《알파걸》(2007)에서 처음 쓴 용어로, '저돌적인 도전정신을 가진 여성'이라는 의미로 쓰였다. 그런데 우리나라에서는 '사회에서 남자들에게 학업이든 일이든 뒤지지 않고 뭐든 잘해 내는 여성'이라는 의미로 통용됐다.

우리 윗세대는 유교적 문화에서 남녀 성 역할이 뚜렷했지만, 우리 세대에 들어서면서부터 그 경계가 모호해졌다. 여성의 사회 진출이 활발해졌고 유리천장을 뚫고 남성의 세계에서 약진하는 새로운 여성상이 생겨났다. 언론에서도 사회적으로 지위가 높은 여성들을 집중 조명했다. 나 역시 이런 기사들을 접하며 나도 저 위치에 서리라는 꿈을 꾸었고 정상을 향해 쉼 없이 도전했다. (대기업에서 아나운서로 활동하며 공중파 증권 뉴스까지 진행했으니 어쩌면 남들은 나를 보고 '성공했다'라고 생각했을지 모르겠다.)

그런데 이러한 사회적 분위기에서 난 집에서 살림하고 육아하는 것은 밖에서 일하는 것보다 '덜 가치 있는 일'라는 관념을 갖게 되었다. 또한 자라 오면서 집에서 살림하고 육아하는 것의 가치에 대해 들어 본 적도 없었다. 집에서 가족을 돌보는 건 '집구석'에서 살림하는 것으로, 아이들을 양육하는 건 '애나 키워'라는 말로 표현되었다. 회사에서 일하고 경력을 쌓은 여성들은 사회적으로나 경제적으로 '성공한' 여성으로 묘사되었지만, 집에서 살림하고 육아하는 여성들은 그에 비해 덜 중요한 일을 하는 것처럼 비춰졌다.

내가 전업주부로서 느꼈던 박탈감은 여기서 비롯된 것이었다. 회사에서 일하는 것 못지않은 정신적·육체적 노동강도의 육아와 '가족을 살리는' 살림을 하고 있었지만 난 만족스럽지 않았다. 늘 한 것도 없는데 피곤하고 힘들다고 생각했다. 나의 무의식에는 남자들처럼 사회에 나가 하는 일이 더 가치 있는 것, 사회적으로 어떤 성과를 내는지가 그 사람의 가치를 보여 주는 것, 여자들이 집에서 하는 일은 쉽고 하찮은 것이라는 그릇된 관념이 뿌리 깊게 박혀 있었다.

● 아이는 부모가 만들어 내야 하는 결과물이 아니다

이렇게 왜곡된 관념을 갖고 있던 나는 육아에서도 성과를 '증명'하고 싶었던 것 같다. 아이들이 한글을 일찍 떼고 영어를 줄줄 읽어 영재 같다는 소리를 들으면 마치 내가 엄마 노릇을 잘한 것처럼 생각되었다. 아이가 보여 주는 결과물, 아웃풋이 마치 엄마의 성과인 것처럼 착각했다. 반대로 아이가 조금이라도 못난 모습을 보이거나 뒤처진 것 같으면 엄마인 내가 모자라고 능력 없는 인간이 된 기분이었다. 난 아이와 나를 분리하지 못하고 아이를 내가 세상에 멋지게 만들어서 내보내야 할 어떤 결과물인 것처럼 무의식적으로 생각한 건 아니었을까. 이러한 내면의 자각이 있고 난 후, 난 참 많은 눈물을 흘려야 했다.

우리는 무의식적으로 좋은 학교와 직장에 들어가고 사회적으로 인정받는 일을 하는 것만이 가치 있고 귀하다고 여기며 살아간다. 그러나 그렇지 않다. 우리 모두는 어디서 무엇을 하든, 지금 있는 모습 그대로 가치 있고 귀한 존재다. 사회에서 말하는 관념에 흔들리지 않고 나만의 가치를 분명히 세운다면 나의 길을 갈 수 있다. 두 아이를 가정 보육하며 처절하게 지낸 암흑의 시간이 없었다면 난 나의 내면을 들여다보지 않았을 것이고 사회가 요구하는 경력을 계속 쌓아 갔을 것이다. 그러면 사회에서 말하는 성공에는 가까워졌을지 몰라도 누군가가 정한 틀과 규범, 관습에서 벗어나지 못한 삶을 살고 있을 것이다.

어두운 터널 안에 있던 그 시간은 아이러니하게도 나라는 인간에 대해 깊이 생각할 수 있는 기회가 되었다. 지금까지 당연하게 여긴 것들이 당연하지 않을 수 있다는 깨달음도 얻었다. 그런 의미에서 부모인 우리가 자기 자신에 대해 아는 것은 무척 중요하다. 나의 의식과 무의식을 지배하는 관념이 어떤 것인지를 알아야 왜곡된 관념을 아이들에게 대물림하지 않을 수 있기 때문이다.

부모가 물려줄 수 있는 가장 큰 유산

"너희 어릴 때는 매주 짐 한가득에 목욕통까지 챙겨서 친가에 가서 자고 왔었지."

"매주? 그때는 아빠가 주 6일을 회사에 나갔잖아."

"토요일에 회사 끝나면 출발해서 하룻밤 자고 다음 날 또 회사 갔지."

"그러면 언제 쉬어? 진짜 힘들었겠다."

친정 부모님과 얘기를 나누다 보면 부모님 세대는 자기 자신을 위한 시간이 참 부족했구나 싶다. 매주 부모님께 안부 인사를 직접 방문해서 해야 했고 부모님이 편찮으시면 자녀들이 모시고 가야 했다. 아버지는 당시를 회상하며 "부모님이 부르시면 뭐, 바로 가야 했지"라고 하셨다.

우리나라는 부모와 자식 간의 관계가 독립적이기보다는 다소 종속적인 부분이 있는 것 같다. 우리는 유교 문화의 영향으로 '부모에게 효를 다 하는 것은 부모 말을 거역하지 않는 것'이라고 받아들여졌던 시대를 지나왔다. 이러한 분위기에서 부모는 자녀를 '독립적인 인격체'로 바라보기보다 '부모의 분신'으로 여기기도 했다. 그러다 보니 무의식적으로 자녀를 부모의 소유물처럼 생각하는 경우도 더러 있었다. 이렇게 부모와 자식 간의 관계가 종속적이다 보니 자녀가 성인이 된 후에도 정서적으로 독립하지 못한 채 부모의 그늘에 머물러 있기도 했다. 이러한 문화 안에서 자녀는 '자기 삶'을 사는 것이 아니라 '부모의 못다 한 삶'을 대신 살아야 하는 경우도 있었다.

● 부모의 삶을 대신 살았던 한 인간의 절규

2018년, 사회적으로 큰 반향을 일으켰던 드라마 〈SKY캐슬〉을 기억할 것이다. 총성 없는 전쟁터 같은 우리나라의 입시 경쟁을 다룬 〈SKY캐슬〉은 자기 내면의 그림자를 해결하지 못한 채 상대에게, 자녀에게 투사하는 인간 군상을 다양하게 그렸다. 그중에서도 나는 강준상(정준호 분)의 절규에서 우리 시대의 부모라면 피해

갈 수 없는 '슬픈 자화상'을 보았다.

어머니는 항상 이런 식이죠? 네, 좋아요. 그럼 해법 좀 알려 주세요. 저 이제 어떻게 할까요? 어머니가 공부 열심히 하라고 해서 학력고사 전국 1등까지 했고, 어머니가 의대 가라고 해서 의사 됐고, 어머니가 병원장 되라고 해서 그거 해 보려고 기를 쓰다가⋯ 이 판국에도 체면이 중요하세요? 날 이렇게 만든 건 어머니라고요. 내일모레 쉰이 되도록 어떻게 살아야 하는지도 모르는 놈을 만들어 났잖아요, 어머니가⋯.

강준상의 이 절규에는 '자기 삶'을 살지 못하고 '부모가 원하는 삶'을 살았던 한 인간의 분노와 슬픔이 담겨 있다. 그러나 강준상만이 이런 감정을 느낄까. 아니다. 우리 모두에겐 강준상이 느끼는 마음이 어느 정도는 존재한다. 자녀가 어릴 때는 그저 건강하게만 자라 달라고 생각하지만 아이가 커 갈수록 부모는 자녀에게 기대하는 것이 하나둘 늘어 간다. 이 정도 성적은 받아야지, 이 정도 학원 다니는 건 기본이야, 시대가 바뀌어도 일단 대학은 가야지, 직장은 안정적인 공무원이 낫지 등. 어쩌면 부모인 우리는 우리가 원하고 바라는 아이의 모습을 마음대로 정해 놓고 '아이를 그 모습에 맞게 만드는 것'이 아이를 잘 키우는 것이라고 착각하고 있는 건 아닐까.

카를 융은 "자녀가 짊어져야 하는 가장 큰 짐은 부모 내면의 '살지 못한 삶'을 대신 사는 것"이라고 했다. 우리는 너무 쉽게 자신이 이루지 못한 야망이나 계획들을 자녀에게 떠넘기곤 한다. '나는 못 배웠지만 너는…' 혹은 '우리는 못 누렸어도 너희만큼 은…', '네가 의사가 되면 엄마는 소원이 없겠다' 등 은연중에 자신이 이루지 못한 소원을 자식이 대신 이뤄 주길 바란다. 표면 의식에서는 '다 네 미래를 위한 거야', '엄마가 너를 그만큼 사랑하니까'라고 생각할 수 있지만 무의식으로 들어가 보면 그렇지 않다. 부모가 자식의 미래를 정해 놓고 어떤 삶을 살라고 암묵적 메시지를 보내는 건 자녀가 자신의 삶을 포기하고 '부모의 못다 한 인생을 대신 살아 달라'라고 하는 것과 같기 때문이다.

부모가 무의식 속 억눌린 감정을 해결하지 못해 자녀를 있는 그대로 보지 못하는 것 역시 부모의 해결하지 못한 삶을 자녀에게 넘기는 경우다. 만약 부모가 자기 내면에 수치심이 억눌려 있는 것을 모른다면, 그 부모는 자녀를 존재 자체로 사랑하지 못하고 수치심을 주게 된다. 열등감이 억눌려 있는 부모라면 자녀의 성적이나 학벌, 직업 등에 지나치게 집착할 수 있다. "누구 닮아서 그렇게 공부를 못 하니?", "너 때문에 내가 창피해서 얼굴을 못 들고 다니겠다" 등의 말로 자녀의 존재에 상처를 주게 된다. 이렇게 말하는 부모는 자신에게 해결하지 못한 그림자가 있어 그러한 시선으로 아이를 볼 수밖에 없다는 사실을 알지 못한다. 자기의 내면을 직면할 용기가 없기에 무의식적으로 자녀에게 이를 떠넘기는 것이다.

● 너는 존재 자체로 아주 귀한 선물이란다

선천적 안면기형으로 태어난 한 소년의 이야기를 다룬 영화 〈원더〉. 주인공 어기는 얼굴을 가리고 다녔던 헬멧을 벗고 용기를 내어 세상으로 나아가지만 '다름'을 받아들이지 않는 또래 아이들에게 상처를 받는다. "저는 왜 이렇게 못생겼어요?" 울며 슬퍼하는 어기에게 엄마는 말한다.

"넌 못생기지 않았어. 네게 관심 있는 사람은 알게 될 거야. 엄마 말 잘 들어 봐. 누구에게나 얼굴에는 흔적이 있어. 엄마 눈가의 이 주름은 네 첫 번째 수술 때, 그리고 이 주름은 네 마지막 수술 때 생겼어. 얼굴은 우리가 갈 곳을 보여 주는 지도이자, 우리가 지나온 길을 보여 주는 지도야. 절대로 흉한 게 아니야."

어기의 엄마는 아이를 존재 자체로, 있는 모습 그대로 인정해 주었다. 친구들에게 상처받고 울고 있는 아이에게 어설픈 위로를 건네거나 주변 친구들을 비난하지 않았다. 약하게 굴지 말라며 수치심을 안겨 주거나 아이보다 더 속상해하며 화를 내지도 않았다. '힘들 수 있어. 그러나 지금 모습 그대로 괜찮아'라고 안심시켜 주었다. 그리고 엄마의 단단하고 온전한 사랑으로 아이를 비춰 주었다. 너는 지금 그 자체로 엄마 아빠에게 귀한 존재라는 메시지를 전함으로써 말이다.

예민한 축복이를 이해하기 어려웠던 때, 우연히 받게 된 카우프만 진단검사에서 아이가 상위 5% 이내의 영재라는 사실을 알게 되었다. 언어를 비롯해 습득이 빨랐던 큰아이에게 나 역시 욕심이 생겼던 것도 사실이다. 강남에서 남들 하듯 영어와 수학 등 '대치 키즈'로 선행학습을 시키면 얼마든 어느 수준까지 올려놓을 수 있을 것 같았다. 그러나 그때마다 한 템포 멈춰 이 결정이 아이를 위한 것인지, 아니면 나를 위한 것인지를 생각했다. '다 너를 위해서야'라는 말로 포장된 나의 욕심이 조금이라도 들어간 건 아닌지, 내 아이를 영재라는 이름으로 돋보이게 하고 싶은 혹은 주변의 부러움을 사고 싶은 불순한 마음이 존재하는 건 아닌지 말이다.

반면 운동신경은 뛰어나지만 학습적인 이해는 다소 느렸던 사랑이를 보면서는 어떻게 이것도 모르나, 공부에 흥미를 못 붙이면 어쩌지, 걱정되고 답답한 적이 많았다. 입학이 다가오는데 한글도 잘 읽지 못하는 모습을 볼 때는 이대로 두어도 괜찮은 건가, 불안하기도 했다. 그러나 그런 마음이 들 때마다 나는 나 자신으로부터 한발 물러나 내 내면의 불안한 마음을 들여다보았다. 그리고 무엇이 내 아이를 있는 그대로 보지 못하게 하는지를 살폈다. 내 안의 열등감으로 인해 아이를 부족하고 열등하게 보고 있는 건 아닌지, 나의 비교, 분별하는 마음으로 인해 온전한 내 아이를 다른 아이들과 비교하고 있는 건 아닌지, 스스로를 들여다보았다.

우리는 모두 이 세상에 태어난 목적과 이유가 있다. 우연히 태어나는 사람은 아무도 없다. 그러나 우리는 우리가 왜 이 땅에 태어났는지, 어떤 목적으로 삶을 살아가야 하는지 잊고 산다. 그저 남들 하는 대로, 남들 사는 대로 휩쓸려 산다. 하루가 멀다 하고 급변하는 세상에서 그 흐름에 뒤처지지 않게 매일을 살다 보면 삶의 목적을 잊기 쉽다. 과연 내가 잘 살고 있는 것인지 회의감이 들 때도 적지 않다. 나 역시 사회적 성공을 위해 쉬지 않고 달려온 지난날을 돌아보면 그랬던 것 같다.

그러나 완전히 멈춰 버렸다고, 사회에서 도태되었다고 생각했던 지난 10년간의 육아에서 난 어떻게 하는 게 인생을 잘 사는 것인지를 배웠다. 그 누구도 아닌 우리 아이들에게서 말이다. 지금까지 난 내일의 성공을 위해 오늘을 희생하며 살았다. 그러면 오늘은 좀 힘들어도 내일은 행복할 거라 믿었다. 그러나 오늘 행복하지 않으면 내일도 행복하지 않다는 것을 나는 아이들에게 배웠다. 아이들은 엄마인 내게 우리가 무엇을 잘하지 않아도, 그 무엇이 되지 않아도, 그저 존재하는 것만으로도 귀하다는 것을 거울처럼 비춰 주었다. 내 내면의 억눌렸던 감정을 해소하고 이제는 자유로워지라고, 엄마인 나에게 가르쳐 주고 있었다.

19세기 철학자 프리드리히 니체는 《차라투스트라는 이렇게 말했다》에서 인간이 정체성을 찾아가는 과정을 세 단계로 나눴다. 1단계는 무거운 짐을 지고 복종하는 정신인 '낙타'의 단계, 2단계는 기존의 가치를 부정하고 자유의지로 나아가는 '사자'의 단계다. 낙타와 사자를 거친 마지막 3단계를 니체는 '어린아이'로 보았다. '어린아이는 순진무구하며, 망각이며, 새로운 시작, 놀이, 스스로 힘에 의해 돌아가는 바퀴, 최초의 운동, 거룩한 긍정'이라는 말로 인간이 추구해야 할 정신적 최종 단계를 '어린아이'라고 보았다. 예수께서도 "어린아이들과 같이 되지 아니하면 결단코 천국에 들어가지 못하리라"(〈마태복음〉 18:3)라고 하셨다.

아이들은 부모인 우리를 성장시키려고 우리의 자녀로 온다. 그런 의미에서 보면 자녀는 부모의 스승이다. 아이에게 이것저것 가르쳐서 뭐든 잘하도록 만들어야 하는 존재로 보기 이전에 '이 아이가 나에게 온 이유가 뭘까', '엄마인 나에게 무엇을 말하고 싶은 걸까'를 생각한다면 부모와 자녀 관계는 완전히 달라질 수 있다.

니체가 말했듯, 예수께서 말씀하셨듯, 아이들만이 보여 줄 수 있는 삶에 대한 생동감, 무한 긍정의 태도, 편견 없는 순수함 등을 배우고 아이들이 그 마음을 오래 간직할 수 있도록 도울 수만 있다면 우리는 이미 아이들과 함께 천국에 있는 것이나 마찬가지다.

자녀들을 있는 그대로 인정하고 존중해 주며 부모의 인생이 아닌 자신만의 인생을 살 수 있도록 한발 뒤에서 지지해 준다면, 아이들은 진정으로 행복한 인생을 살 수 있을 것이다. 어쩌면 이러한 보이지 않는 정신적 가치들이 우리가 부모로서 아이들에게 줄 수 있는 가장 큰 유산이 아닐까 생각한다.

자녀는 부모의 뒷모습을 보며 자란다

"언니! 엄마가 지금 중환자실에 있대! 내가 지금 세브란스에 전화해 봤어. 그런데도 우리가 모르는 척하고 있어야 해?"

2019년 겨울, 구름이 낮게 깔린 토요일 아침이었다. 휴대전화 너머로 울고 있는 동생의 목소리에 나의 가슴은 쿵 내려앉았다. 심장이 약했던 친정엄마는 당시 다리가 붓는 등의 증세로 아빠와 병원을 찾았는데 딸들이 걱정할까 봐 우리 자매에게는 이 사실을 알리지 않았다. 엄마는 입원 후 심장 검사를 했는데 그 과정에서 몸에 쇼크가 와 예기치 않게 중환자실로 가게 된 것이다. 며칠 동안 엄마와 연락이 닿지 않아 걱정된 동생은 여기저기 연락을 해 보았고, 우리는 그제야 엄마가 중환자실 환자가 되었다는 사실을 알게 되었다.

당시는 코로나19가 발발한 해여서 보호자의 병원 출입을 철저히 통제했다. 중환자실의 보호자 면회는 하루 두 번 20분씩만 가능했다. 중환자실에는 면역력이 낮은 환자들이 많았기에 보호자역시 체온 체크와 함께 전신 위생 가운을 착용해야 했다. 오전에는 내가, 저녁에는 아빠가 번갈아 가며 엄마를 면회했다. 처음에는 그래도 의식이 있었지만, 상황이 안 좋아지면서 담당 주치의는 수면 치료를 권했다. 그리고 엄마는 한 달 넘게 의식이 없는 수면 상태로 치료를 받았다.

하지만 엄마의 상황은 생각보다 쉽게 호전되지 않았다. 하루하루 더 나빠지지 않으면 다행이었다. 시간이 흐르며 상태가 악화되자 담당 의사는 마음의 준비를 하라고까지 했다. 지금 눈앞에 펼쳐지는 이 모든 게 현실이 맞나? 어떻게 하루아침에 이런 일이 있을 수 있지? 믿을 수가 없었다. 중환자실 앞에서 아빠는 손에 묵주를 꼭 쥔 채 하염없이 서성였다. 난 두 아이를 유치원과 어린이집에 보내고 서둘러 병원으로 달려갔다. 면회 시간 외에는 중환자실에 들어갈 수 없었지만 아빠는 항상 중환자실 앞을 지키고 있었기에 아빠 곁에서 함께하고 싶었다.

그러던 어느 날, 평소처럼 수면 상태의 엄마에게 "엄마, 주변 분들이 엄마를 위해 기도하고 있어. 축복이랑 사랑이도 매일 할머니를 위해 자기 전에 기도하고 있고. 힘내"라며 미동도 없는 엄마의 손을 붙잡고 이야기한 후 면회를 마쳤다. 그리고 아빠와 점심을 먹고 아이들 하원 시간이라 귀가하고 있는데 휴대전화가 울렸다. 큰이모였다.

"민정아, 놀라지 말고 잘 들어. 엄마가⋯ 심정지가 와서 지금 급히 수술해야 한대. 지금 수술하면 50:50의 확률인데 이 시기를 놓치고 다시 심정지가 오면 그때는 힘들다고 했나 봐. 아빠가 지금 보호자 사인했는데 혹시 택시 타고 바로 올 수 있겠니?"

눈앞이 하얘졌다. 심정지라니⋯. 엄마의 심장이 멈췄다니⋯. 시어머니께 아이들 하원을 급하게 부탁드리고 나는 황급히 택시를 잡았다. 하염없이 눈물이 흘렀다. 왜? 대체 왜 이런 일이 우리 가족에게 생긴 걸까.

● 신은 고통이라는 선물 속에 축복을 숨겨 보내 주신다

늦은 밤이었지만, 갑작스러운 심정지로 인한 긴급수술이라 심장 병동의 모든 의사가 소집됐다. 한밤중의 아무도 없는 병원, 우리는 긴 침묵 속에 결과만 간절히 기다리고 있었다. 세 시간 가까이 지나고 수술실 문이 열렸다.

"힘든 수술이었어요. 계속 시도했는데 실패로 돌아가 안 되겠다 싶었는데 마지막으로 한 번 더 해 본 시도가 잘되었습니다."

주치의의 말이 끝나자 그제야 아빠는 긴장이 풀린 듯 눈물을 흘리셨다.

"감사합니다, 감사합니다. 마지막은… 하느님께서 하신 거야."

수술 후에도 우리는 마음을 놓을 수 없었다. 엄마는 여전히 수면 상태로 본인의 심장이 회복될 때까지 인공심장과 투석기, 각종 기계에 줄을 연결해 몸에 달고 있었다. 4개월 넘게 입원 상태로 치료를 받아야 했다. 중증 환자였으므로 회복 과정도 더디고 순탄하지 않았다.

의사의 말 한마디에 우리 가족은 천당과 지옥을 오가기도 했다. 그러나 역설적으로 내 삶에서 가장 고통스럽다고 생각했던 그 시간 동안 나는 어떻게 살아야 하는지, 삶에 대한 태도를 배우게 되었다.

그것은, 자신에게 주어진 삶 자체를 '온전히 살아 내는 것'이었다. 몸과 마음이 힘들어 하루에도 몇 번씩 무너지는 엄마 곁에서 아빠는 "이것이 나의 십자가다"라며 묵묵히 엄마 곁을 지켰다. 간병인의 도움도 받지 않은 채 모든 과정을 세심하게 챙기며 아빠의 온 마음을 엄마 회복에만 집중했다. 아빠는 내가 성장하는 과정에서 많은 조언이나 훈계 등은 하지 않았지만, 자녀는 부모의 뒷모습을 보고 자란다는 말처럼 나는 아빠의 뒷모습을 보며 삶에 대한 태도를 배웠다. 부모가 자신 앞에 펼쳐진 삶을 회피하거나 불만을 토로하지 않은 채 오롯이 살아 내는 그 모습은 자녀들에게 무엇과도 비교할 수 없는 값진 교육 그 자체였다.

⦂ 이 세상에서 가장 중요한 순간은, 바로 '지금'

'신은 고통이라는 선물 속에 축복을 숨겨 보내 주신다'는 말처럼 고통의 시간을 보낸 후 나의 삶을 대하는 태도는 완전히 달라졌다. 그것은 이미 지나간 과거를 후회하거나 다가올 미래를 걱정하고 불안해하는 것이 아니라 오로지 '지금 여기'에 집중하는 것이다. 톨스토이가 단편소설 〈세 가지 질문〉에서 "이 세상에서 가장 중요한 때는 '지금'이고, 이 세상에서 가장 중요한 사람은 '지금 내가 대하고 있는 사람'이며, 이 세상에서 가장 중요한 일은 '지금 내 곁에 있는 사람에게 선을 행하는 일'이다"라고 했듯이 말이다.

연년생 두 아이가 엄마만 찾으며 매달릴 때, 물리적으로 두 아이에게 똑같은 사랑을 줄 수 없는 상황에서 나는 하루에도 몇 번씩 좌절을 경험했다. 두 아이가 쉴 새 없이 자기들의 요구를 들어 달라고 할 때는 어찌할 바를 모르고 무기력해질 때도 많았다. 눈앞에서 칭얼대는 아이들의 모습이 보기 힘들어 멀리 떠나고 싶은 마음이 들기도 했다. 그때마다 마음 깊은 곳에서 울려 퍼진 목소리는 지금 내 앞에 펼쳐진 삶을 온전히 살아 내자는 것이었다. 그 어떤 상황도 회피하지 않고, 왜 나만 힘드냐고 불평하는 게 아니라 묵묵히 그 삶을 살아 내는 것. 아빠가 내게 온몸으로 보여 준 삶에 대한 태도, 바로 그것 말이다.

● 정상에 올라가려면 날아야 한다

'삶과 진정한 혁명에 대한, 그러나 무엇보다도 희망에 대한 이야기, 어른과 그 밖의 모든 이들을 위한 이야기'라는 부제가 달린 책 《꽃들에게 희망을》. 이 책은 육아하며 깜깜한 어둠 속에서 길을 잃고 헤매고 있던 내게 한 줄기 빛과 같은 희망을 주었다.

이 책에는 두 마리의 주인공 애벌레가 나온다. 호랑 애벌레와 노랑 애벌레다. 이 두 애벌레는 '삶에는 먹고사는 것 이상의 무엇이 있을 것'이라는 생각을 가지고 각자의 방식으로 그 해답을 찾기 위해 길을 떠난다.

호랑 애벌레는 모든 애벌레가 기어 올라가는 '애벌레 기둥'에 틀림없이 자신이 찾는 무언가가 있을 것이라 확신한다. 그래서 기둥을 올라가는 다른 애벌레들을 무자비하게 짓밟고 꼭대기에 올라가려고 사투를 벌인다. 반면 다른 방식으로 삶의 의미를 찾아 나선 노랑 애벌레는 털자루에 갇힌 듯 거꾸로 매달려 있는 한 늙은 애벌레를 만나게 되고, "이렇게 해야 나비가 된단다, 나비는 너의 미래 모습일 수 있어"라는 놀라운 말을 듣는다. "고치의 겉모습은 죽은 것처럼 보여도 나비가 만들어지는 과정"이라는 말도 함께.

노랑 애벌레는 몸에서 실을 뽑아 고치를 만들며 모험을 시작한다. 시간이 흘러 노랑 애벌레는 노랑나비로 다시 태어나고 호랑 애벌레가 있는 애벌레 기둥 위로 날아간다. 그러고는 호랑 애벌레에게 알려 준다. 나비가 되어야만 기둥 위를 자유롭게 날아다닐 수 있다고. 정상에 올라가려면 기어가는 게 아니라 날아야 한다는 것을.

⦂ 부모가 나비가 되어야 자녀 역시 나비의 삶을 살 수 있다

우리 각자의 내면에는 모두 아름다운 나비가 한 마리씩 있다. 단지 그것을 자각하지 못하고 살아갈 뿐이다. 호랑 애벌레를 비롯해 기둥 위에 있던 모든 애벌레가 삶의 목적을 오로지 기둥 꼭대기에 올라가는 데 집중한 것처럼, 우리 역시 돈, 직업, 명예 등 사회적 성공에만 인생의 초점을 맞추고 살아가는지 모른다. 애벌레 기둥에서 보았듯 그 끝에는 특별한 무언가도, 심지어 아무것도 없는데도 말이다. 부모인 우리가 그런 것들에 삶의 우선순위를 두고 있으니 아이들의 교육도 그러한 방향으로 자연스럽게 흘러간다.

물론 사회적 성공이라 일컬어지는 가치를 추구하는 게 잘못되었다는 것은 아니다. 우리 모두 사회의 구성원으로서 사회에 기여하고 그것이 어떤 방식으로든 성공으로 이어진다면 그것 또한 값진 일이기 때문이다. 다만 그 이전에 부모로서 자녀에게 먼저 심어 주면 좋을 더 귀한 가치를 나는 《꽃들에게 희망을》을 읽으며 발견했다.

그것은 부모인 내가 '나비의 삶'을 사는 것이다. 그래서 나의 자녀들에게 애벌레가 아닌 나비의 삶을 몸소 보여 주는 것이다. 꼭대기에 올라가기 위해 '주변을 경쟁 상대로 여기고 서로 비교하며 상대를 누르고 올라가는 삶이 아닌, 우리는 어떤 존재이며 왜 태어났는지, 온전한 자기 자신으로 살아가려면 어떻게 해야 하는지, 보다 근본적인 가치에 집중하는 삶을 사는 모습 말이다. 그러나 그 삶을 살기 위해서는 꼭 견뎌야 하는 시간이 있다. 겉으로는 죽은 것처럼 보이는 '고치로서의 시간'이었다.

이제 와 돌아보니 지금까지 주목받는 삶을 살았던 내게 지난 10년간 집에서 육아와 살림을 했던 시간은 '고치로서 견뎌 내야 하는 시간'이었다. 보이지 않는 곳에서, 아니 어쩌면 사회에서 인정받지 못하는 위치에 있다고 생각했던 시간이었지만, 아니었다. 그 암흑 같은 시기는 내가 나비가 되기 위해 반드시 인내하고 견뎌야 하는 '고치로서의 시간'이었다. 나에게 주어진 그 시간을 오롯이 살아 낸 결과, 이제 난 고치로서의 삶을 서서히 마무리하고 나비가 되어 날아갈 준비를 하고 있다.

이 책을 읽고 있는 당신 안에도 아름다운 나비 한 마리가 살고 있다. 자유롭게 훨훨 날아가게 될 그날을 기다리고 있다. 당신이 나비가 되어 자유로운 삶을 사는 모습을 자녀에게 보여 준다면 자녀는 당신의 모습을 통해 삶을 대하는 태도를 배울 수 있을 것이다. 내가 아버지의 뒷모습을 보며 삶에 대한 태도를 배웠듯이.

부록

1. 책 육아를 위한 그림책 추천 목록

⊙ 국내 작가별 그림책

작가	책제목	출판사	출판연도
강경수	거짓말 같은 이야기	시공주니어	2011
	배고픈 거미	그림책공작소	2017
백희나	구름빵	한솔수북	2004
	알사탕	책읽는곰	2017
	이상한 손님	책읽는곰	2018
	이상한 엄마	책읽는곰	2016
안녕달	눈아이	창비	2021
	수박 수영장	창비	2015
	할머니의 여름휴가	창비	2016
윤지회	마음을 지켜라! 뿅가맨	보림	2010
	방긋 아가씨	사계절	2014
	우주로 간 김땅콩	사계절	2019
이지은	이파라파냐무냐무	사계절	2020
	친구의 전설	웅진주니어	2021
	팥빙수의 전설	웅진주니어	2019
전이수	걸어가는 늑대들	엘리	2017
	새로운 가족	엘리	2017

⊙ 국외 작가별 그림책

작가	책제목	옮긴이	출판사	출판연도
앤서니 브라운	기분을 말해 봐!	홍연미	웅진주니어	2011
	돼지책	허은미	웅진주니어	2001
	앤서니 브라운의 마술 연필	서애경	웅진주니어	2010
	우리 아빠	공경희	웅진주니어	2009
	우리 엄마	허은미	웅진주니어	2005
	우리는 친구	장미란	웅진주니어	2008
	윌리의 신기한 모험	서애경	웅진주니어	2014
윌리엄 스타이그	녹슨 못이 된 솔로몬	김경미	비룡소	2018
	당나귀 실베스터와 요술 조약돌	김영진	비룡소	2017
	멋진 뼈다귀	조은수	비룡소	1995
	부루퉁한 스핑키	조은수	비룡소	1995
	슈렉!	조은수	비룡소	2001
	아빠와 함께 피자 놀이를	박찬순	보림	2000
	장난감 형	김경미	비룡소	2017
	치과 의사 드소토 선생님	조은수	비룡소	1995
존 버닝햄	내 친구 커트니	고승희	비룡소	1996
	네가 만약…	이상희	비룡소	2003
	알도	이주령	시공주니어	2017
	야, 우리 기차에서 내려	박상희	비룡소	1995
	에드와르도 세상에서 가장 못된 아이	조세현	비룡소	2006
	우리 할아버지	박상희	비룡소	1995
	지각대장 존	박상희	비룡소	1999
	지구는 내가 지킬 거야!	이상희	비룡소	2013
토미 웅게러	개와 고양이의 영웅 플릭스	이현정	비룡소	2004
	곰 인형 오토	이현정	비룡소	2001
	꼬마 구름 파랑이	이현정	비룡소	2001
	달사람	김정하	비룡소	1996

	모자	진정미	시공주니어	2002
토미 웅게러	세 강도	양희전	시공주니어	2017
	크릭터	장미란	시공주니어	1999
	느끼는 대로	엄혜숙	문학동네	2004
피터 레이놀즈	단어수집가	김경연	문학동네	2018
	점	김지효	문학동네	2003

◉ 메시지를 주는 그림책

주제	책제목	지은이	옮긴이	출판사	출판연도
삶이란 무엇인지 돌아볼 수 있는 책	삶	신시아 라일런트	이순영	북극곰	2019
경청의 중요성을 알려 주는 책	가만히 들어주었어	코리 도어펠트	신혜은	북뱅크	2019
엄마의 조건 없는 사랑을 보여 주는 책	언제까지나 너를 사랑해	로버트 먼치	김숙	북뱅크	2000
비 맞으며 놀 수 있는 책	비 오니까 참 좋다	오나리 유코	황진희	나는별	2019
엄마의 내면을 바라볼 수 있는 책	메두사 엄마	키티 크라우더	김영미	논장	2018
아이들 나쁜 행동 뒤의 상처를 바라볼 수 있는 책	나쁜 씨앗	조리 존	김경희	길벗어린이	2018
있는 그대로 아이를 사랑하기 위한 책	술웨	루피타 뇽오	김선희	도토리숲	2022
아이들 싸움을 다른 시선으로 바라볼 수 있는 책	내일 또 싸우자!	박종진	조원희 그림	소원나무	2019
유아기 아이들에게 자존감을 심어 주는 책	진정한 일곱 살	허은미	오정택 그림	만만한책방	2017
죽음에 대해 성찰해 볼 수 있는 책	할머니의 팡도르	안나마리아 고치	정원정 박서영	오후의소묘	2019
독불장군에 맞서는 용기 있는 어린이를 위한 책	one 일	캐드린 오토시	이향순	북뱅크	2016
모든 아이의 소중함을 알려 주는 책	열두 달 나무 아이	최숙희	최숙희 그림	책읽는곰	2017
라임이 재미있어 아이들이 노래를 부르게 되는 책	티키 티키 템보	아를린 모젤	임나탈리야	꿈터	2013

⊙ 시리즈 그림책

시리즈 제목	지은이	출판사
100층짜리 집	이와이 도시오	북뱅크
고 녀석 맛있겠다	미야니시 타츠야	달리
꽁꽁꽁	윤정주	책읽는곰
너는 특별하단다	맥스 루케이도	고슴도치
도토리 마을	나카야 미와	웅진주니어
마녀 위니	코키 폴	비룡소
마들린느	루드비히 베멀먼즈	시공주니어
만만한 수학	김성화 · 권수진	만만한책방
무지개 물고기	마르쿠스 피스터	시공주니어
바바파파	아네트 티종	연두비
오싹오싹	애런 레이놀즈	토토북
올리비아	이언 포크너	주니어김영사
우당탕탕 야옹이	구도 노리코	책읽는곰
지원이와 병관이	고대영 · 김영진	길벗어린이
타투와 파투	아이노 하부카이넨	파인앤굿
탐정 무민	토베 얀손	어린이작가정신

⊙ 그림책에서 글책으로 넘어가는 중간 역할을 해 주는 책

분류	책제목	지은이	옮긴이	출판사	출판연도
단행본	개구리와 두꺼비가 함께	아놀드 로벨	엄혜숙	비룡소	1996
	괴물 예절 배우기	조애너 콜	이복희	시공주니어	1997
	꼬마 돼지	아놀드 로벨	엄혜숙	비룡소	1997
	꽃들에게 희망을	트리나 폴러스	김석희	시공주니어	2017
	마코가 주는 선물	간자와 도시코	양선하	비룡소	2004
	말썽꾸러기 로라	필립 뒤마	박해현	비룡소	1999
	아낌없이 주는 나무	셸 실버스타인	이재명	시공주니어	2017
	애벌레의 복수	이상권	김유대 그림	시공주니어	2017
	어린 양 오르넬라	아고스티노 트라이니	이승수	비룡소	2006
	토끼 빵과 돼지 빵	오자와 다다시	고향옥	비룡소	2012
	파리 먹을래? 당근 먹을래?	마티아스 조트케	이현정	비룡소	2008
시리즈	개구쟁이 에밀 이야기	아스트리드 린드그렌	햇살과 나무꾼	논장	2003
	마르가리타의 모험	구도 노리코	김소연	천개의바람	2019
	비밀요원 레너드	박설연	김덕영 그림	아울북	2023
	우당탕탕 야옹이	구도 노리코	윤수정	책읽는곰	2022
	위대한 탐정 네이트	마저리 와인먼 샤매트	지혜연	시공주니어	2000
	천하무적 개냥이 수사대	이승민	하민석 그림	위즈덤 하우스	2022
	추리 천재 엉덩이 탐정	트롤	김정화	미래엔아이 세움	2020
	토드 선장	제인 욜런	박향주	시공주니어	2018
	핀두스의 아주 특별한 이야기	스벤 누르드크비스트	김경연	풀빛	2020

⊙ 손을 놓을 수 없는 글책 [시리즈]

시리즈 제목	지은이	출판사
13층 나무집	앤디 그리피스	시공주니어
건방이의 건방진 수련기	천효정	비룡소
고양이 해결사 깜냥	홍민정	창비
꺼벙이 억수	윤수천	좋은책어린이
내 멋대로 뽑기	최은옥	주니어김영사
다락방 명탐정	성완	비룡소
만복이네 떡집	김리리	비룡소
명탐정 셜록 홈즈	아서 코난 도일	국일아이
빨간 내복의 초능력자	서지원	와이즈만북스
엽기 과학자 프래니	짐 벤튼	사파리
우주 탐험단 네발로행진호	이승민	풀빛
전천당	히로시마 레이코	길벗스쿨
정재승의 인간탐구보고서	정재은·이고은	아울북
제로니모의 환상 모험	제로니모 스틸턴	사파리
책 먹는 여우	프란치스카 비어만	주니어김영사
코드네임	강경수	시공주니어
키드 스파이	맥 바넷	시공주니어

⊙ 잠을 이기며 읽는 글책 (단행본)

책제목	지은이	옮긴이	출판사	출판연도
똥 전쟁	오미경	영민 그림	시공주니어	2018
마법사 똥맨	송언	김유대 그림	창비	2008
마법의 설탕 두 조각	미하엘 엔데	유혜자	한길사	2001
아홉 살에 처음 만나는 정글북	조지프 러디어드 키플링	강미경	하늘을나는 코끼리	2016
어쨌든 이게 바로 전설의 권법	이승민	이경석 그림	잇츠북어린이	2020
용을 키우는 아빠	김해등	신지수 그림	시공주니어	2016
우리 아빠, 숲의 거인	위기철	이희재 그림	사계절	2010
천재 식물, 탐정 파리지옥	톰 앵글버거	노은정	스콜라	2017
춤추는 책가방	송언	최정인 그림	좋은책어린이	2008
커다랗고 커다랗고 커다란 배	야콥 마르틴 스트리드	김경연	현암사	2015

⊙ 스스로 장난감을 만들어 놀기 좋은 책

분류	책제목	지은이	옮긴이	출판사	출판연도
단행본	게임 종이접기	강준규	·	진서원	2020
	공작도감	기우치 가쓰	김창원	진선북스	1999
	움직이는 장난감 만들기	학연사 엮음	김정화	길벗스쿨	2018
시리즈	국가 대표 종이비행기	위플레이	·	로이북스	2021
	네모 아저씨의 종이접기 놀이터	네모아저씨 이원표	·	슬로래빗	2023

2. 엄마표 영어를 위한 영어 DVD 추천 목록

◉ 1단계

DVD 제목	주제
Bob the Train(밥 더 트레인)	알파벳, 숫자, 동요
Caillou(까이유)	꼬마 소년의 일상
Charlie and Lola(찰리와 롤라)	귀여운 남매 이야기(영국식 영어)
Dora the Explore(도라 익스플로러)	소녀 도라의 탐험 이야기
Go, Diego Go!(고 디에고 고!)	소년 디에고의 탐험 이야기
Hey Duggee(헤이 더기)	동물 친구들의 에피소드(영국식 영어)
Max and Ruby(맥스 앤 루비)	남매 토끼 이야기
Peppa Pig(페파피그)	돼지 남매 이야기(영국식 영어)

◉ 2단계

DVD 제목	주제
Barbapapa(바바파파)	서정적 가족 이야기
Charley goes to school(찰리네 유치원)	유치원에서의 일화
Go getters(고 제터스)	세계 명소 방문, 문제 해결
Leap Frog(립프로그)	파닉스, 수 개념
Little Bear(리틀 베어)	곰 가족의 이야기
Number Blocks(넘버 블록스)	수 개념
PJ Masks(파자마 삼총사)	선과 악의 대결
Space Racers(스페이스 레이서)	우주 탐험

⊙ 3단계

DVD 제목	주제
Clifford Big Red Dog(클리포드)	큰 강아지 클리포드의 이야기
Clifford's puppy days(클리포드)	클리포드의 어린 시절 이야기
Curious Goerge(큐리어스 조지)	장난꾸러기 원숭이 이야기
Harry and the Bucketful of Dinosaurs (해리와 동물 친구들)	공룡과의 우정 이야기
Little Einstein(리틀 아인슈타인)	클래식, 명화, 세계여행
The Octonauts(바다 탐험대 옥토넛)	바다 탐험 이야기
The Rainbow Fish(무지개 물고기)	물고기들의 우정 이야기
Super WHY!(슈퍼 와이)	파닉스, 세계명작동화
Super Wings(슈퍼 윙스)	세계여행

⊙ 4단계

DVD 제목	주제
Cyberchase(신나는 사이버 수학 세상)	재미있는 수학 이야기
Garfield(가필드)	장난꾸러기 고양이의 일상생활
Geronimo Stilton(제로니모의 모험)	생쥐 일행의 모험 이야기
Horrid Henry(호리드 헨리)	개구쟁이 헨리의 좌충우돌 이야기
MR. MEN and LITTLE MISS(미스터 맨과 리틀 미스)	감정 캐릭터들의 에피소드
The way things work(도구와 기계의 원리)	과학의 여러 원리 설명

3. 엄마표 영어를 위한 영어책 추천 목록

◉ 작가별 추천 그림책

작가	책제목
Aaron Reynolds	Creepy Carrots!
	Creepy crayon!
	Creepy Pair of Underwear!
Anthony Browne	How Do You Feel?
	Little Beauty
	Me and You
	My Dad
	My Mum
	One Gorilla
	What if…?
	Willy the Wimp
David Shannon	David gets in trouble
	David goes to school
	No, David!
Dawn Mcmillian	I need a NEW BUM!
	I Need a New Butt!
	I've Broken My Bum
	My Bum is SO CHEEKY!
	My Bum is SO NOISY!
	My Butt Is So Silly!
Eileen Christelow	FIVE Litte MONKEYS jumping on the bed
	FIVE Litte MONKEYS jumping in the bath
	FIVE Litte MONKEYS reading in bed
	FIVE Litte MONKEYS trick or treat
	FIVE Litte MONKEYS wash the car

Eric Carle	Baby Bear, Baby Bear, what Do You See?
	Brown bear, Brown Bear, what Do You See?
	Panda Bear, Panda Bear, what Do You See?
	Polar Bear, Polar Bear, what Do You Hear?
	The Very Busy Spider
	The Very hungry Caterpillar
	Today Is Monday
Jon Klassen	Circle, Triangle, Squire
	I Want My Hat Back
	Sam & Dave Dig A Hole
	THIS IS NOT MY HAT
	We Found A Hat
Jory John	The bad seed
	The cool bean
	The couch potato
	The Good Egg
	The smart cookie
Laura Numeroff	If You Give a Mouse a Cookie
	If You Give a Pig a Pancake
Lucy Cousins	Horay for fish
	Maisy Series
Mo Willems	An Elephant & Piggie Series
	Dont Let the Pigeon Drive Bus Series
	KNUFFLE BUNNY Series
	Leonardo the Terrible Monster
Molly Bang	When Sophie Gets Angry, Really Really Angry…
	When Sophie Thinks She Can't…
	When Sophie's Feelings Are Really, Really Hurt
R. J. Palacio	WE'RE ALL WONDERS
Robert Munsch	Aron's Hair
	LOVE YOU FOEVER

◉ 리더스북 & DVD 연계 리더스북

분류	시리즈 제목
리더스북	Biscuit Series
	Eloise Series
	FLY GUY Series
	Little critter Series
	Oxford Reading Tree Stage 1~9
	Oxford Reading Tree Read at home Series
	The magic school bus science Series
	ZOOTOPIA Series
DVD 연계 리더스북	Caillou Series
	Clifford Big Red Dog Series
	Curious Goerge Series
	Dora the Explore Series
	Go getters
	Go, Diego Go! Series
	Harry and the Bucketful of Dinosaurs Series
	Little Einstein Series
	Max and Ruby Series
	Octonauts Series
	Peppa Pig Series
	PJ Masks Series

⊙ 챕터북 & 그래픽 노블

분류	시리즈 제목
챕터북	Garfield Series
	Geronimo Stilton Series
	Horrid Henry Series
	Journey to the West Series
	Mighty Robot Series
	Oxford Reading Tree Stage 10
	The 13-story tree house
그래픽 노블	DOG MAN Series
	El Defo
	Garfield Series
	KUNG POW CHICKEN Series

⊙ 노래 부르며 배우는 영어(노부영)

책제목	지은이	출판사
A dragon on the doorstep	Stella Blackstone	제이와이북스
A hole in the bottom of the sea	Jessica Law	
Down by the station	Jess Stockham	
Dry Bones	Childs Play	
Go Away, Big Green Monster	Ed Emberley	
I am the Music Man	Childs Play	
I'm the best	Lucy Cousins	
Monster, Monster	Melanie Walsh	
The Animal Boogie	Debbie Harter	
The Artist Who Painted A Blue Hourse	Eric Carle	
The Great Big Enormous Turnip	Alexei Tolstoy	
The Wheels on the bus	Stella Blackstone	
Walking Through the JUNGLE	Stella Blackstone	
We all go Traveling By	Sheena Roberts, Siobhan Bell	

DoM 020

어느 강남 엄마의 사교육과 헤어질 결심

역행 육아

초판 1쇄 인쇄 | 2023년 6월 15일
초판 1쇄 발행 | 2023년 6월 30일

지은이 김민정
펴낸이 최만규
펴낸곳 월요일의꿈
출판등록 제25100-2020-000035호
연락처 010-3061-4655
이메일 dom@mondaydream.co.kr

ISBN 979-11-92044-29-3 (03590)
ⓒ 김민정, 2023

'월요일의꿈'은 일상에 지쳐 마음의 여유를 잃은 이들에게 일상의 의미와 희망을 되새기고 싶다는 마음으로 지은 이름입니다. 월요일의꿈의 로고인 '도도한 느림보'는 세상의 속도가 아닌 나만의 속도로 하루하루를 당당하게, 도도하게 살아가는 것도 괜찮다는 뜻을 담았습니다.
"조금 느리면 어떤가요? 나에게 맞는 속도라면, 세상에 작은 행복을 선물하는 방향이라면 그게 일상의 의미이자 행복이 아닐까요?" 이런 마음을 담은 알찬 내용의 원고를 기다리고 있습니다. 기획 의도와 간단한 개요를 연락처와 함께 dom@mondaydream.co.kr로 보내주시기 바랍니다.